国家林业和草原局普通高等教育"十三五"规划教材

遥感基础与应用

吴　静　主编

中国林业出版社

内 容 简 介

本教材共9章,内容包括遥感的基本概念、基础知识和基本原理,包括遥感系统组成、电磁辐射与地物波谱、遥感平台与传感器、遥感图像特征、遥感图像处理原理、遥感分类方法、深度学习与影像样本库、遥感制图和遥感应用。本书可作为高等院校地学、林学、草学、生态学、土地管理、环境科学、资源环境等学科专业的本科生的教材,也可供相关专业领域从事遥感研究与业务的人员参考。

图书在版编目(CIP)数据

遥感基础与应用 / 吴静主编. — 北京：中国林业出版社,2020. 9(2023. 2 重印)
国家林业和草原局普通高等教育"十三五"规划教材
ISBN 978-7-5219-0788-9

Ⅰ.①遥…　Ⅱ.①吴…　Ⅲ.①遥感技术-高等学校-教材　Ⅳ.①TP7

中国版本图书馆 CIP 数据核字(2020)第 174232 号

中国林业出版社教育分社

责任编辑：范立鹏　　　　　　　　**责任校对：**苏　梅
电话：(010)83143626　　　　　　**传真：**(010)83143516

出版发行　中国林业出版社(100009　北京市西城区德内大街刘海胡同7号)
　　　　　　　E-mail：jiaocaipublic@163.com
　　　　　　　电话：(010)83143500
　　　　　　　http：//www.forestry.gov.cn/lycb.html
经　　销　新华书店
印　　刷　北京中科印刷有限公司
版　　次　2021 年 1 月第 1 版
印　　次　2023 年 2 月第 2 次印刷
开　　本　787mm×1092mm　1/16
印　　张　12.375
字　　数　448 千字
定　　价　45.00 元

《遥感基础与应用》
编写人员

主　　编：吴　静(甘肃农业大学)

副 主 编：李纯斌(甘肃农业大学)

参编人员：崔　霞(兰州大学)

　　　　　黄　鑫(甘肃农业大学)

　　　　　杨昌裕(甘肃农业大学)

前　　言

　　遥感为人类观测地球提供了广阔的视野和时空连续的观测数据。经过几十年的发展，遥感已经在国民经济多个领域获得了广泛的关注和应用，并作为一门新兴的科学和技术，还在不断地发展和完善。

　　我国遥感事业近年来蓬勃发展，藉由"高分计划"等国家级战略规划以及无人机遥感的推广，在遥感平台的研发、传感器的创新、遥感大数据的智能处理等方面取得了重要的进展，并且进一步推动了各行业对遥感应用的关注，也使培养更多掌握遥感基础知识、具有遥感应用技能的人才成为社会的需求之一。在这样的背景下，我们从遥感基础知识、遥感过程、遥感数据获取及处理等方面着手，编写了这本遥感入门教材。

　　本书旨在介绍遥感基础知识和应用。全书分为9章：第1章绪论，介绍遥感过程、遥感系统、遥感分类及特点等基础知识；第2章电磁辐射与地物波谱，主要介绍电磁波及其传输过程、地物波谱；第3章遥感数据的获取及图像特征，主要介绍遥感数据的获取过程及图像特征；第4章遥感图像处理，主要介绍遥感图像处理的原理与方法；第5章遥感图像信息提取，主要介绍遥感图像分类的原理与方法；第6章主要介绍深度学习与遥感图像处理；第7章主要介绍遥感制图；第8章主要介绍土地遥感的应用；第9章主要介绍草地遥感的应用。

　　本书由吴静担任主编，第1章和第2章由吴静编写；第3章和第6章由李纯斌编写；第4章和第8章由黄鑫编写；第5章和第9章由崔霞编写；第7章由杨昌裕编写；全书由吴静统稿。

　　本书在编写过程中参考了大量文献资料，已列加在书后参考文献中，若仍有疏漏，敬请包涵并联系我们在修订时补录。由于编写时间紧迫，书中尚有诸多疏漏和不足之处，恳请各位读者和专家批评指正，以便今后再版进一步完善相关内容。

　　本教材出版得到国家自然基金项目（31760693）和甘肃农业大学教材建设项目资助，在此表示感谢。

编　者
2019 年 10 月

目　　录

第1章 绪 论

遥感提供了一种重复、连续观测地球的视角，对监测地表变化和人类活动影响具有重要价值，广泛应用于全球变化监测、环境监测与评价、军事国防等领域。本章主要介绍遥感的基本概念、系统组成、类型、特点和发展历程等知识。

1.1 遥感的概念

遥感(remote sensing，RS)一词最早是由美国海军研究局艾弗林·普鲁伊特于 1960 年提出。广义上讲，遥感就是遥远的感知，从远处感知一个物体的客观存在。遥感并非现场测量，因此需要依靠某种信号的传播(如光、声或微波等)来远距离感知。遥感现象在自然界、生活中普遍存在。例如，蝙蝠通过发射并接收超声波信号来判断障碍物的方向、距离，从而绕过障碍物在黑暗中自如穿行；我们看书、看黑板也是利用眼睛接收可见光信息进行遥感的过程。广义遥感包括对电磁波、声波、地震波、重力等信息的探测；狭义遥感是指不与目标物直接接触，通过传感器收集、记录目标物的电磁波信息，经过传输、处理和分析，揭示物体的特征、性质及变化的综合性探测技术和科学。狭义遥感是电磁波遥感，是指探测地表物体反射的电磁波和地物自身发射的电磁波，或向地物发射电磁波信号并接收回波，从而提取地物信息。本书内容属于电磁波遥感的范畴。根据遥感的定义，遥感包括遥感过程及遥感系统组成。

1.2 遥感系统组成

遥感包括遥感数据获取、处理、分析和应用的全过程(图 1-1)，需要一个系统来完成这一完整的过程。遥感系统包括 5 个部分：信息源、信息的获取、信息的接收、信息的处理和信息的应用。

1.2.1 信息源

遥感的信息源是指电磁波与地物相互作用(发射、反射、吸收与透射等)后形成的目标

1

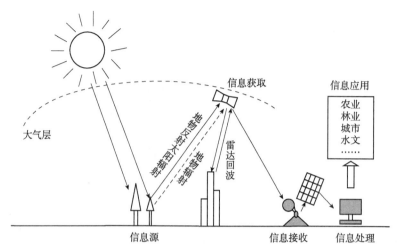

图 1-1　遥感过程及遥感系统组成

地物特性的电磁波。对地遥感信息有 3 种来源：地物反射的太阳辐射、地物自身发射的电磁辐射和地物反射来自传感器的电磁辐射。

在电磁辐射传输过程中，必须要考虑太阳与地物之间、地物与传感器之间的大气对辐射的作用，大气会直接影响信息源，进而影响成像质量。大气效应使传感器接收的地面辐射强度减弱，并使遥感影像对比度降低，引起辐射畸变、几何畸变和图像模糊。

1.2.2　信息的获取

信息的获取需要用到专门的仪器和装备，包括传感器和遥感平台。

传感器或遥感器(remote sensor)是收集、记录地物电磁波信息的仪器，常见的有照相机、多光谱扫描仪、微波雷达等。传感器通过光学设备接收地物电磁波信息，并将它记录到介质(如磁带、磁盘、胶片)上。不同的传感器各有其优势和局限性，有不同的成像特点和误差来源，应用各种遥感数据时需要熟悉和考虑这些因素。

遥感平台(platform)也是遥感信息获取中的重要装备。遥感平台是搭载传感器的平台，包括人造卫星、飞机、气球、车辆等。平台的轨道类型、运行姿态等对遥感探测具有重要的影响。例如，比起航空平台，卫星平台的时间连续性要更强，可以在卫星生命周期范围内持续地以固定时间间隔对地观测，提供遥感数据，对分析地表周期性变化特征更为方便。

1.2.3　信息的接收

记录在介质上的遥感数据可以通过回收舱或通过卫星上的微波天线传输给地面接收站。

我国现建有密云(1986 年)、喀什(2008 年)、三亚(2010 年)、昆明(2016 年)、北极(2016 年)5 个卫星地面接收站，具有覆盖我国全部领土和亚洲 70%陆地区域的卫星数据实时接收能力，以及全球卫星数据的快速获取能力。经过三十多年的不断发展，地面站已形成了完整的卫星数据接收、传输、存档、处理和分发体系，即以北京总部为运行管理与数据处理中心,以密云站、喀什站、三亚站、昆明站和北极站为数据接收网的运行格局。

1986 年,地面站开始接收和处理美国 Landsat 5 卫星光学卫星数据。1993 年,开始接收和处理欧洲航天局 ERS-1 和日本 JERS-1 卫星合成孔径雷达(SAR)数据,实现了全天时和全天候的对地观测。1997 年和 2008 年,分别实现加拿大 Radarsat-1 和 Radarsat-2 卫星数据的接收和处理,拥有了国际最先进的民用合成孔径雷达观测数据源,多模式、全极化、高空间分辨率等为其突出优势。2002 年,开始接收和处理的法国 SPOT 5 卫星数据,该卫星以其灵活的观测模式、较高的空间分辨率、高质量的可靠运行,成为最成功的业务化运行卫星之一。2015 年,地面站开始接收和处理的法国 Pleiades 卫星数据,其空间分辨率达到 0.5m,是到目前地面站所接收的分辨率最高的卫星数据。

从 1999 年开始,我国所发射的一系列对地观测卫星均由地面站负责接收,包括 CBERS-01、CBERS-02、CBERS-02B、CBERS-04、HJ-1A、HJ-1B、HJ-1C、资源一号 02C、资源三号、资源三号 02、实践九号 A、B、高分一号、高分一号 02/03/04、高分二号、高分三号、高分四号、高分五号、高分六号、电磁监测试验卫星等。

1.2.4　信息的处理

地面接收站对遥感数据进行一系列处理,如信息恢复、辐射校正、卫星姿态校正、投影变换、格式转换等,然后存档、分发。在基础处理之上,地面站和用户还可以根据需要进行精校正、专题信息提取、遥感定量反演等进一步处理。直至目前,对遥感数据的处理能力仍远远落后于遥感数据的生产能力。一端是不断产生的海量遥感数据,另一端是遥感应用的巨大需求,而中间相对较弱的数据处理能力已成为遥感实用化发展的瓶颈。

1.2.5　信息的应用

遥感的最终目的在于应用。成功应用遥感信息的关键在于遥感数据的用户。用户能够清楚地定义所要研究的问题,可对利用遥感解决问题的潜力做出正确评价,能够确定适合于项目的遥感数据,确定所用数据的解译方法和所需的参考数据,确定所收集信息质量的评判标准。

1.3　遥感的类型

依据不同的标准,可把遥感划分不同的类型。遥感平台的不同、传感器的不同、信号能量来源的不同以及遥感信息应用领域的不同均可成为遥感类型划分的标准。

1.3.1　按平台划分

根据遥感平台的类型,遥感可分为地面遥感、航空遥感和航天遥感。

(1)地面遥感(ground remote sensing)

指在地面平台上进行的遥感。地面平台一般来说在离地面几百米的范围内活动,包括车、船、高架塔等。

（2）航空遥感（aerial remote sensing）

指在航空平台上进行的遥感。航空平台包括飞机、气球等，在离地几百米至几十千米的范围内活动。

（3）航天遥感（space remote sensing）

指在航天平台上进行的遥感。航天平台包括航天飞机、人造卫星等，在离地几百千米以上的太空运行。

1.3.2 按传感器的探测波段划分

按照传感器探测的电磁波波段范围的不同，遥感可分为紫外遥感、可见光遥感、红外遥感、微波遥感和多波段遥感。

（1）紫外遥感（ultraviolet remote sensing）

用于探测 $0.05 \sim 0.38 \mu m$ 的电磁波。但事实上，由于来自太阳的紫外辐射在传输过程中多被大气吸收与散射，在遥感中利用较少。

（2）可见光遥感（visual spectrum remote sensing）

用于探测 $0.38 \sim 0.76 \mu m$ 的电磁波，也称光学遥感，是传统航空摄影侦察和航空摄影测绘中最常用的遥感方式，在资源调查、环境监测方面有广泛的用途。

（3）红外遥感（infrared remote sensing）

用于探测 $0.76 \sim 1000 \mu m$ 的电磁波。红外遥感在军事侦察，探测火山、地热、地下水、地表温度，查明地质构造和污染监测方面应用广泛。

（4）微波遥感（microwave remote sensing）

用于探测 $1mm \sim 1m$ 的电磁波。由于微波具有较强的穿透能力，微波遥感可以在较为恶劣的天气条件下进行，也可以获取地下一定深度的信息，因而在地形测绘、土壤水分监测、海洋探测等方面有重要的应用。

（5）多波段遥感（multi-spectral remote sensing）

把辐射范围较宽的连续的电磁波谱分割成若干较窄的波段，在同一时间获得同一目标的不同波段信息。多波段遥感具有信息量大的优势，在遥感探测中应用普遍。

1.3.3 按信号能量来源划分

按照传感器接收电磁波信号来源的不同，遥感可分为主动遥感和被动遥感。

（1）主动遥感（active remote sensing）

指传感器向目标物发射电磁波信息，然后接收回波信息来分析目标物的状况。主动遥感可以应用于微波范围，利用成像雷达向飞行平台行进的垂直方向的一侧或两侧发射微波，并以图像的形式记录从目标物返回的后向散射波；主动遥感也可应用于可见光波段，利用激光雷达（light detection and ranging，LiDAR）测量空间三维信息、测量大气的状态及大气污染、测量水深及海面油膜或植物的叶绿素等。

（2）被动遥感（passive remote sensing）

通常指传感器利用目标物自身发射或反射的太阳辐射获取地物的信息。被动遥感应用的电磁波波段比较广泛，从紫外到微波都可以进行被动遥感。

1.3.4 按应用领域划分

遥感广泛应用于各研究领域和国民经济部门，因此，从应用领域的不同也可将遥感划分为不同类型，包括外层空间遥感、大气层遥感、陆地遥感、海洋遥感、农业遥感、林业遥感、水文遥感、城市遥感、地质遥感等。

1.4 遥感的特点

(1)大面积的同步观测

扫描生成一帧 Landsat TM 遥感图像(也称遥感影像)的时间为几十秒，地面覆盖面积为 185km×185km＝34 225km^2，而且包含从可见光到红外的 7 个波段信息。这就是遥感的突出特点——能够实现大面积的同步观测，容易发现目标物空间分布的宏观规律。

(2)时效性

遥感，尤其是卫星遥感可以在短时间内对同一地区重复探测，及时发现目标物的动态变化。这一点对农作物长势、灾害灾情等动态性强的监测意义重大。如 Landsat 每隔 16d 可对同一地区重复探测一次；EOS 计划的 Terra 和 Aqua 卫星组合可实现对同一地区一天观测两次；高分辨率的商业卫星更加灵活，能在短时间内(相隔几分钟)从两个轨道的不同角度获得同一地区的图像，并形成立体像对。对农作物长势监测来说，选择时间频率为 16d 的 Landsat 图像比较合理；对海啸、水灾、地震灾害等监测来说，16d 的时间频率显然太低，适合选择一天两次的时间频率；而对于城市扩展、土地利用/覆盖变化等监测来说，时间频率可以年为周期，没有必要一天两次。不同的遥感卫星影像提供了多种时间频率的可重复探测，我们在实际应用中应根据研究对象的变化周期合理选择适宜的影像。

(3)数据的综合性和可比性

遥感影像综合表现了地表的自然(地质地貌、水文、植被、土壤)、人文(城市建设、土地利用)信息，因此可以被各领域用户用来探测不同的要素信息，这也是遥感应用广泛的原因。

遥感探测的波段、成像方式、成像时间、数据格式的设计，使获取的数据有相似性和可比性。例如，同一系列或同一颗卫星设计一致的对地成像探测时间(太阳时)，有利于在同样或相似的太阳光照条件下成像，从而使不同的影像在太阳光照条件上基本一致，减少相同地物由于光照条件带来的影像色调变化。

(4)经济性

遥感不同于实地观测，遥感可以在无人区、危险区、不方便到达的区域进行，比较容易覆盖全区域。并且，与实地调查相比，遥感探测可以大大节省人力、物力、财力和时间。

1.5　遥感发展历程

　　1826 年前后，法国科学家约瑟夫·尼瑟福·尼埃普斯通过沥青感光法获取了现在尚存的永久影像，被认为是最早的遥感摄影图像。现代遥感始于 1858 年。那一年，G·F·陶纳乔首次在热气球上获取了巴黎市的航空影像。美国内战期间(1861—1865)，信鸽、风筝和无人气球装载着相机飞过敌占区被认为是最早有计划对遥感技术的利用。在两次世界大战期间，美国政府组织获取了第一批航空摄影影像，并被很多国家用于其他用途，包括土地调查。第二次世界大战之后的冷战时期，航空影像被美苏两个超级大国用于相互侦察变得更加普遍。1954 年 12 月，美国总统艾森豪威尔批准了 U-2 侦察计划，几十年来用于侦察俄罗斯、中国、越南等国的信息。1972 年，美国发射了第一颗陆地卫星(当时命名为地球资源技术卫星，ERTS)，开创了从太空遥感地球的新纪元。近几十年来，科技的巨大发展带动遥感产业迅速壮大，民用的增长超过了军事应用。近些年，在航空遥感领域，无人机取得了重要的发展。装载在有人或无人航空平台上的小传感器被法律部门用于强制实施，被军事部门用于监视目的。遥感技术的其他发展包括雷达(RADAR)、激光雷达(LiDAR)、合成孔径雷达(SAR)、红外传感器和高光谱成像技术的发展等。

推荐阅读

1. 当代遥感科技发展的现状与未来展望。
2. 对遥感科学应用的一点看法。

扫码阅读

思考题

1. 什么是遥感？
2. 遥感系统由哪些部分组成？
3. 遥感可划分为哪些类型？
4. 遥感探测有什么优点？
5. 以感兴趣的某一领域为例，阐述遥感的应用状况和发展前景。
6. 查阅资料，谈一谈你对遥感发展趋势的认识。
7. 查阅资料，阐述遥感实用化的瓶颈问题。

参考文献

宫鹏，2019. 对遥感科学应用的一点看法[J]. 遥感学报，23(4)：567–569.

李小文，2008. 遥感原理与应用[M]. 北京：科学出版社.

利拉桑德，2016. 遥感与图像解译[M]. 7 版. 彭望琭，等译. 北京：电子工业出版社.

梅安新，2001. 遥感导论[M]. 北京：高等教育出版社.

日本遥感研究会，2011. 遥感精解［M］. 刘勇卫，等译. 北京：测绘出版社.

吴静，2018. 遥感数字图像处理［M］. 北京：中国林业出版社.

肖温格特，2010. 遥感图像处理模型与方法［M］. 3 版. 微波成像技术国家重点实验室，译. 北京：电子工业出版社.

张兵，2017. 当代遥感科技发展的现状与未来展望［J］. 中国科学院院刊，32(7)：774-784.

赵英时，2013. 遥感应用分析原理与方法［M］. 2 版. 北京：科学出版社.

Thenkabai P S，2016. Remote sensing handbook［M］. Boca Raton：CRC Press.

第2章
电磁辐射与地物波谱

　　本章主要介绍遥感探测的信息源。首先介绍电磁波、电磁波谱、辐射源、电磁辐射的度量等相关基础知识，然后介绍黑体辐射的规律、实际物体与黑体辐射的关系以及遥感中重要的辐射源——太阳辐射、地球辐射的特点，之后介绍大气对辐射传输的各种影响，最后介绍地物的波谱特征，包括反射波谱和发射波谱。

2.1　遥感基础知识

2.1.1　电磁波

　　波是能量传播的一种形式，电磁波是电磁辐射能传播的一种形式，是在真空或物质中通过传播电磁场的振动而传输电磁能量的波。电磁波具有如下特性：

　　①电磁波是横波，质点振动的方向与波的传播方向垂直。

　　②在真空中，电磁波以光速(c)传播：$c = 2.998\ 8 \times 10^8$ m/s。在大气中，电磁波接近光速但小于光速传播。

　　③电磁波的波长(λ)与频率(ν)呈反比：$c = \lambda\nu$。波长是指波在一个振动周期内传播的距离，常以长度单位来度量，如 m、cm、mm、μm、nm 等；频率是指单位时间内完成振动的次数或周期，常以 Hz、MHz、GHz 为单位。一般可用波长或频率来描述或定义电磁波的范围。对可见光和红外波段的电磁波通常以波长描述，对微波波段的电磁波常用频率描述。

　　④电磁波具有波粒二象性。电磁辐射能可以连续波动状态存在，也可以离散形式存在。

　　许多电磁辐射特征可以用波动理论来描述和解释，如干涉和衍射是由于波的叠加导致振幅和强度的重新分布；根据波的叠加原理，可从合成波中分离出不同的电磁波谱信息。遥感中部分光谱仪的分光器件就是利用衍射原理使光发生色散以达到分光的目的。

　　电磁波的离散单元称为光子或量子，是由原子和分子状态改变而释放出的一种稳定、不带电、具有动能的基本粒子。实验证明，光照射到金属上能激发出电子(称为光电子)，光电子的能量与光的强度、光照时间长度无关，仅与入射光的频率有关，光电效应是对电磁波"粒子性"的最好说明。普朗克发现电磁辐射能量以离散单元形式被吸收和发射，并指出：

$Q=$hν，Q 为辐射能量(J)；ν 为辐射频率；h 为普朗克常数，6.626×10^{-34}(J·s)；由于波长与频率呈反比，可将电磁辐射的波模式和量子模式联系起来，上式可表示为：$Q=$hc$/\lambda$，表明电磁辐射波长越长，其辐射能量越低。例如，地表在以波长较长的微波发射能量时比热红外辐射发射的能量低，因此更难感应，需要采取相应措施，例如，采用灵敏度更高的仪器，尽量补偿能量不足的缺点。

一般说来，电磁波在传播过程中主要表现为波动性；在与介质相互作用时，主要表现为粒子性。波长较长的电磁波波动性较为突出，波长较短的电磁波粒子性较为突出。

物质和电磁波具有相互作用。一切物质据其固有的性质都会反射、吸收、透射及辐射电磁波。物质对电磁波具有固定的波长选择性，这种特性称为地物的波谱特性。如绿色植物由于光合作用需要强烈吸收蓝光、红光，而反射绿光较多，因而表现出绿色。物质和电磁波相互作用的发生是由于物质会根据其内部原子、分子的状态变化(如电子的电离、电子的激发等)辐射或吸收固定波长的电磁波，波长越短，辐射或吸收的能量越大。从微观角度看，组成物质的原子或分子受到光和热的作用时，原子内部原子核和电子的状态就会发生变化，进而产生原子振动等，包括原子核内部的相互作用、原子的内层电子或外层电子的离子化以及分子振动等，就会产生或吸收电磁波。根据公式 $Q=$hν 可知，不同的作用产生的能量大小不同，吸收或辐射的电磁波波长也不同。外层电子的跃迁可以产生紫外线、可见光、近红外线，内层电子离子化可以产生 X 射线，原子核内部的相互作用可以产生 γ 射线，分子振动产生红外线和微波。

2.1.2　电磁波谱

电磁波有多种，从波长短的一侧开始，依次称为 γ 射线、X 射线、紫外线、可见光、红外线、微波、无线电波，排列起来形成电磁波谱(图 2-1)。电磁波的波长越短，粒子性越强。

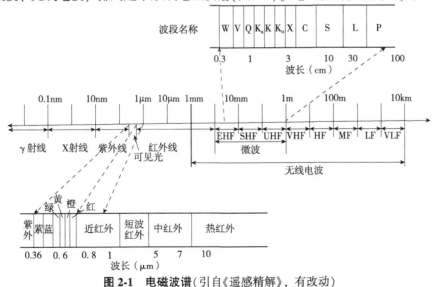

图 2-1　电磁波谱(引自《遥感精解》，有改动)

注：1. 图中微波波段名称参见表 2-2；2. EHF：毫米波(1~10mm)、SHF：厘米波(1~10cm)、UHF：分米波(0.1~1m)；3. VHF：超短波、HF：短波、MF：中波、LF：长波、VLF：超长波。

可见光和近红外统称为可见近红外(visible and near infrared，VNIR)(表 2-1)。近红外(0.76~1.3μm)和短波红外(1.3~3μm)合起来又称反射红外。因为在这个波段，反射的太阳辐射成分比来自地表辐射成分占优势，在比 3μm 短的波长范围内，主要是观测目标物的反射辐射；而在热红外波段，尤其是 8~14μm，来自地表的辐射能量占优势，常温地表物体在 10μm 附近其电磁辐射达到最高值。因此，在热红外遥感中，主要观测的是目标物的自身辐射。

表 2-1　从紫外到红外的光谱分区

名　称		缩写	波长范围(μm)
紫外(ultraviolet)		UV	0.01~0.38
其中	紫外线 A	UV-A	0.32~0.38
	紫外线 B	UV-B	0.28~0.32
可见光(visible)		V 或 VIS	0.38~0.76
其中	紫	Violet	0.38~0.43
	蓝	Blue	0.43~0.47
	青	Cyan	0.47~0.50
	绿	Green	0.50~0.56
	黄	Yellow	0.56~0.59
	橙	Orange	0.59~0.62
	红	Red	0.62~0.76
红外(infrared)		IR	0.76~1000
其中	近红外(near infrared)	NIR	0.76~1.30
	短波红外(short wave infrared)	SWIR	1.30~3.00
	热红外(thermal infrared)	TIR	3.00~15

需要注意的是，表 2-1 中各电磁波的分区及波长范围在不同的书籍中可能有所不同，不是固定的，要根据具体情况来使用。

由于历史上战争中保密的需要，微波频率常用字母来表示(表 2-2)，如 C 频段(5GHz)和 K 频段(13.6GHz)等，常用雷达及微波辐射计探测。

表 2-2　微波频率分区与命名

波段名称	频率范围(GHz)	波长范围
P	0.225~0.390	76.90~133.00cm
L	0.390~1.550	19.35~76.90cm
S	1.55~4.20	7.14~19.35cm
C	4.20~5.75	5.22~7.14cm
X	5.75~10.9	2.75~5.22cm

（续）

波段名称	频率范围(GHz)	波长范围
Ku	10.9~22.0	1.36~2.75cm
Ka	22.0~36.0	8.33~13.60mm
O	36.0~46.0	6.52~8.33mm
V	46.0~56.0	5.36~6.52mm
W	56.0~100.0	3.00~5.36mm

注：引自李小文《遥感原理与应用》，2008。

目前，遥感所使用的电磁波有：紫外线的一部分（0.3~0.38μm），可见光（0.38~0.76μm），红外线的一部分（0.76~14μm）和微波（1mm~1m），短波红外多用于地质判读，热红外用于温度调查。

2.1.3 电磁辐射的度量

物体辐射的电磁波能量称为辐射能。遥感通过测定和分析地物的电磁辐射能量来探测地物。在辐射测量中，为了明确所要测量的量，定义了一些基本术语。表 2-3 给出了度量电磁辐射能量大小需要用到的一些基本术语及其定义。在辐射测量的各个量中，当加上"光谱"（spectral）这一术语时，则是指单位波长宽度的量。辐射测量有两种方式，即辐射测量和光度测量，它们使用不同的术语和单位（表 2-4）。辐射测量是以 γ 射线到无线电波的整个波长范围为对象的物理辐射量的测量；而光度测量是对由人类具有视觉感应的波段——可见光所引起的知觉的量的测定。其中，辐射亮度是遥感中使用最多的术语，因为用传感器采集的数据与辐射亮度有对应关系。在光学遥感中，辐照度参数包括：

①大气层外太阳辐照度：表示大气层外日地平均距离处垂直入射的太阳辐照度，是 VNIR 遥感中重要的基础数据。

②地表入射辐照度（或向下辐照度）：指总辐照度，等于漫射辐照度和直射辐照度之和。

③天空漫射辐照度：简称漫射辐照度。

④太阳直射辐照度：简称直射辐照度。

辐照度与距离的平方呈反比是辐射测量的基本定律之一（李小文，2008）。

表 2-3 电磁辐射度量的相关术语

物理量	常用符号	定 义	计算公式	单位
辐射能量 （radiation energy）	Q	物体辐射的能量		J、cal
辐射通量/辐射功率 （radiant flux）	Φ	单位时间内通过某一表面的辐射能量	$\Phi = dQ/dt$	W、J/s
辐射通量密度 （radiant flux density）	D	单位时间内通过单位面积的辐射能量	$D = d\Phi/dA$	W/m²

（续）

物理量	常用符号	定　义	计算公式	单位
辐照度 （irradiance）	E	面辐射源在单位时间内从单位面积上接收的辐射能量，即照射到物体单位面积上的辐射通量	$E=\mathrm{d}\Phi/\mathrm{d}A$	$\mathrm{W/m^2}$
辐射出射度 （radiant exitance/emittance）	M	面辐射源在单位时间内从单位面积上辐射出的能量	$M=\mathrm{d}\Phi/\mathrm{d}A$	$\mathrm{W/m^2}$
辐射亮度 （radiance）	L	面辐射源在单位立体角、单位时间内，在某一垂直于辐射方向单位面积（法向面积）上辐射出的辐射能量，即辐射源在单位投影面积上、单位立体角内的辐射通量。M 相当于 L 的法向分量对整个半球面立体角（2π）积分。对朗伯体，L 具有各向同性，则 $M=\pi L$	$L=\mathrm{d}2\Phi/\mathrm{d}A\cos\theta\mathrm{d}\Omega$	$\mathrm{W/(m^2\cdot sr)}$
辐射强度 （radiant intensity）	I	点辐射源在单位立体角、单位时间内，向某一方向发出的辐射能量，即点辐射源在单位立体角内发出的辐射通量	$I=\mathrm{d}\Phi/\mathrm{d}\Omega$	$\mathrm{W/sr}$

说明：①"立体角"指一个锥面所围成的空间部分，以锥的顶点为圆心，半径为 R 的球面被锥面所截的面积来度量，$\Omega=A/R^2$（A 为球面积，R 为球半径），单位为球面度（sr）。一个球体由球心对全球面所张立体角为 4π，半球所张立体角为 2π。②上述各辐射量均是波长的函数，表示单位波长宽度的辐射量，全称应冠以"光谱"二字，如光谱辐射通量（spectral radiant flux），光谱辐射亮度（spectral radiance）等，为方便起见，通常省略。③辐射亮度与方向无关的辐射源是漫辐射源，也称为朗伯源。

表 2-4　辐射测量和光度测量的术语对照表

辐射测量			光度测量		
名　称	符号	单位	名　称	符号	单位
辐射能（radiant energy）	Q_e	J	光量（quantity of light）	Q_v	lm·s
辐射通量（radiant flux）	Φ_e	W	光通量（luminous flux）	Φ_v	lm
辐射强度（radiant intensity）	I_e	W/sr	光强度（luminous intensity）	I_v	cd
辐射出射度（radiant emittance）	M_e	$\mathrm{W/m^2}$	光通量出射度（luminous emittance）	M_v	$\mathrm{lm/m^2}$
辐照度（irradiance）	E_e	$\mathrm{W/m^2}$	照度（illuminance）	E_v	Lux
辐射亮度（radiance）	L_e	$\mathrm{W/(sr\cdot m^2)}$	亮度（luminance）	L_v	$\mathrm{cd/m^2}$

2.2　电磁辐射定律

2.2.1　辐射源与黑体

从理论上讲，自然界中任何物体只要其温度高于热力学温度 0K 或 -273℃，都不断地向外发射具有一定能量和波谱分布位置的电磁波，都是辐射源。辐射源辐射能量的强度和波谱分布位置取决于温度，因而称为"热辐射"。

黑体又称绝对黑体，是指在任何温度下对任何波长的电磁辐射能的吸收系数恒等于1的物体，它完全吸收和重新发射接收到的所有能量，没有反射，吸收率和发射率均为1。黑体辐射具有各向同性，是朗伯源。在热平衡条件下，黑体发射的能量等于其吸收的能量。黑体是理解热辐射的基础，是热辐射定量研究的基准。自然界目前没有发现严格意义上的黑体。黑色的烟煤吸收率0.99，被认为是最接近绝对黑体的自然物质。恒星也被看作接近黑体的辐射源。黑体的行为表现可以在实验室进行模拟。例如，黑体炉是把封闭的等温空腔开一个小孔用以模拟黑体辐射。在遥感实践中，黑体广泛应用于以下方面：①标定各类辐射探测器的响应度；②标定其他辐射源的辐射强度；③测定红外光学系统的透射比；④研究各种物质表面的热辐射特性；⑤研究大气或其他物质对辐射的吸收或透射特性，主要做光源（辐射源）。

2.2.2　黑体辐射定律

黑体辐射定律描述了黑体辐射源的辐射特点，即其温度、辐射能量、辐射能量的波谱分布三者之间的定量关系。黑体辐射定律是研究物体热辐射的基准，是遥感物理研究的基础理论。

2.2.2.1　普朗克辐射定律

普朗克于 1900 年给出了黑体辐射能量随波长分布的函数：

$$M_\lambda(\lambda,\ T) = \frac{2\pi\,hc^2}{\lambda^5} \cdot \frac{1}{e^{hc/k\lambda T} - 1} \tag{2-1}$$

式中　$M_\lambda(\lambda,\ T)$——指波长 λ、物理温度 T 下的黑体光谱辐射出射度，$W/(m^2 \cdot \mu m)$；

　　　　h——普朗克常数，取值 $6.626 \times 10^{-34} J \cdot s$；

　　　　k——玻耳兹曼常数，取值 $1.380\,6 \times 10^{-23} J/K$；

　　　　c——光速，取值 $2.998\,8 \times 10^8 m/s$；

　　　　λ——波长，μm；

　　　　T——黑体的热力学温度，K。

普朗克辐射定律是热辐射理论中最基本的定律，给出了黑体辐射出射度与温度、波长的定量关系，表明黑体辐射只取决于黑体的温度与辐射的波长。对给定温度的黑体，可以确定其辐射能量的波谱分布。根据普朗克辐射定律，给定温度和波长，可以画出黑体表面辐射能量的波谱分布曲线。图 2-2 显示了 200~6 000K 不同温度条件下的波谱分布曲线。横坐标表示波长，纵坐标表示光谱辐射出射度。太阳的发射大约相当于 6 000K 的黑体辐射曲线，白炽灯的发射相当于 3 000K 黑体的辐射曲线，地球的发射大约相当于 300K 的黑体辐射曲线。

不同温度的黑体辐射曲线形式相似，都是单峰曲线，有极值；不同温度的辐射曲线可以接近，但不相交；曲线与坐标轴包围的面积相当于在所有波长上的总的辐射出射度。

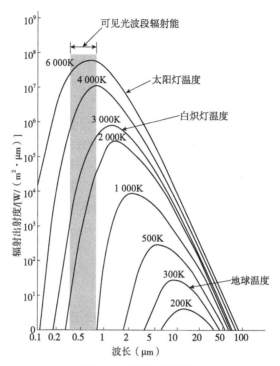

图 2-2 黑体辐射曲线

[引自赵英时《遥感应用分析与方法》(第 2 版)，2013]

2.2.2.2 斯蒂芬—玻耳兹曼定律

以普朗克辐射定律公式对全波长积分，得到黑体的总辐射出射度与温度的定量关系：

$$M(T) = \sigma T^4 \tag{2-2}$$

式中 $M(T)$——指温度为 T 的黑体表面发射的总能量，即总辐射出射度，W/m²；

σ——斯蒂芬—玻耳兹曼常数，取值 $5.669\ 7 \times 10^{-8}$ W/(m²·K⁴)；

T——黑体的热力学温度，K。

斯蒂芬—玻耳兹曼定律表明，黑体辐射的总能量与黑体绝对温度的四次方呈正比。黑体温度越高，辐射的总能量越大，并且温度的微小变化会带来辐射能量的迅速变化。当黑体温度升高 1 倍，其总辐射出射度增大 15 倍(图 2-2)。

2.2.2.3 维恩位移定律

微分普朗克辐射定律公式，并求极值，得到黑体辐射的峰值波长与温度的定量关系：

$$\lambda_{\max} T = b \tag{2-3}$$

式中 T——黑体的热力学温度，K；

$\lambda_{\max}$——黑体辐射的峰值波长，即该温度下黑体最强辐射对应的波长，μm；

b——常数，取值 $2\ 898$ μm·K。

维恩位移定律给出了黑体辐射的峰值波长与温度的定量关系，并揭示了变化规律：黑体温度增加，其辐射的峰值波长向短波方向移动。黑体温度确定后，可以由维恩位移定律确定最强辐射的波长，这一点常用于对目标物进行观测最佳波段的确定和选择传感器。如将地球辐射近似看作 300K 的黑体辐射，其辐射峰值波长为 9.66μm，所以 8 ~ 10μm 是探测地表热辐射的常用波段，可以用辐射计、扫描仪等特殊的热红外仪器探测。

维恩位移定律也可以解释一些我们看到的现象。例如，加热到 600 ~ 700℃ 的电炉丝已出现暗红色，说明在它发射的辐射中，已经有一小部分波长短到进入可见光；温度再增高以后属于可见光的能量就更多，等色的辐射能也逐渐增多，电炉丝看上去由暗红色变亮、变白。人们很早就知道从燃烧火焰的颜色变化来观察温度的变化，炉火温度在 500℃ 以下呈暗黑色，升到 700℃ 时，火焰变为紫红色，也就是俗称的"炉火通红"，再上升到 800 ~ 900℃ 后，火焰由红变黄，1 200℃ 时，火焰发亮，逐渐变白，继续升到接近 3 000℃ 后，呈白热化，相当于灯泡钨丝发亮的温度，如果超过 3 000℃，火焰由白转蓝，这就是"炉火纯青"了，是燃烧温度的最高阶段。溢出地表的岩浆就像刚刚出炉的钢水，火红而炽热。据测定，岩浆的温度一般在 900 ~ 1 200℃ 之间，最高可达 1 400℃。在晴朗的天气和良好透视的情况下，熔岩流的颜色和相应温度的关系为：白色 ≥ 1 150℃，1 150℃ > 金黄色 ≥ 1 090℃，1 090℃ > 橙色 ≥ 900℃，900℃ > 亮鲜红（樱桃红）≥ 700℃，700℃ > 暗红色 ≥ 550℃ ~ 625℃，隐约可见的红色 ≥ 475℃。

以上 3 个定律确定了以黑体为基准的热辐射的定量法则。如果物体是一个理想的黑体，则其发射符合普朗克辐射定律和斯蒂芬—玻耳兹曼定律以及维恩位移定律。由于黑体辐射规律已经明确，根据普朗克辐射定律、斯蒂芬—玻耳兹曼定律可算出黑体辐射出射度，根据维恩位移定律可算出黑体辐射的峰值波长分布。

2.2.3　实际物体的辐射

黑体的概念及黑体辐射定律为我们提供了一个研究实际辐射源的参照原点。知道了黑体辐射遵循的规律，如果能够找出实际辐射源与黑体的关系，那么从逻辑上讲，我们就可以定量描述实际辐射源的辐射规律了。

任何处在热力学温标零度以上的物体由于分子运动都会向外辐射电磁波。但实际物体并非黑体，所以必须用物体辐射效率因子对上述黑体辐射定律进行修正。

2.2.3.1　比辐射率

实际物体辐射不同波长的热能量效率取决于它们自身的发射率 ε，是实际物体光谱辐射出射度和处于相同温度下的理想黑体的光谱辐射出射度之比。通常，发射率是波长的函数。

$$\varepsilon_\lambda(\lambda,\ T) = \frac{M_\lambda(\lambda,\ T)}{M_{0\lambda}(\lambda,\ T)} \tag{2-4}$$

发射率也称比辐射率，比辐射率的定义为：物体的出射度与同温度的黑体出射度之比。比辐射率是一个比值，无量纲，取值范围为 [0, 1]。比辐射率是地物本身的一种物理属性，是其发射能力的表征。借助比辐射率的概念，人们对大量存在的非黑体辐射源的热辐射特征进行了研究。自然界绝大多数物体在热红外波段的比辐射率都大于 0.9，地物对热红外辐射的强烈吸收使其穿透介质的深度很小。一般来讲，均温的单纯像元热红外遥感问题可以引用比辐射率概念。但是，这一定义不适用于遥感中经常遇到的不同温度的混合像元(徐希孺，2005)。

决定光谱辐射出射度的因素有两个：发射率和温度。然而，区分发射率和温度对光谱辐射出射度的影响是比较复杂的，是热红外遥感的一个难点(赵英时，2013)。科学家们通常假设其中一个量在空间分布上是常量。如在热学研究领域，为了确定热量损失的空气热量扫描便是假定不同地物顶部的发射率都是相同的，以确定其温度；在地质学应用上，通常假定温度是常量，以确定地物的发射率。

2.2.3.2 基尔霍夫定律

基尔霍夫定律可表述为：在任一给定温度下，物体的辐射出射度和吸收率之比，对任何物体都是一个常数，并等于该温度下黑体辐射出射度。基尔霍夫定律给出了黑体与实际辐射源物体的定量关系：

$$\frac{M_\lambda(\lambda, T)}{\alpha_\lambda(\lambda, T)} = M_{0\lambda}(\lambda, T) \tag{2-5}$$

式中　M_λ——温度为 T 的实际辐射源物体光谱辐射出射度；

　　　$M_{0\lambda}$——同温度下黑体光谱辐射出射度；

　　　α_λ——该温度下实际辐射源物体的光谱吸收率，$0<\alpha<1$。

式(2-5)也可变换为：

$$\alpha_\lambda(\lambda, T) = \frac{M_\lambda(\lambda, T)}{M_{0\lambda}(\lambda, T)} = \varepsilon_\lambda(\lambda, T) \tag{2-6}$$

式(2-6)可以理解为物体的吸收率等于其辐射出射度与同温度下黑体的辐射出射度之比，而 $\varepsilon_\lambda(\lambda, T)$ 正是发射率，即比辐射率。因此，基尔霍夫定律又可表述为：在热平衡条件下，物体的吸收率等于其比辐射率(发射率)，即好的吸收体也是一个好的辐射体，物体的吸收本领大，发射本领也大。不同温度下物体的吸收率与出射度之间没有确定的数量关系，但在同一温度下，它们之间严格地呈正比关系。

基尔霍夫定律只适用于温度辐射，对可见光范围内的辐射不成立。基尔霍夫定律对大多数地面条件都能适用。因此，在实践中可用 $\varepsilon_\lambda(\lambda, T)$ 代替 $\alpha_\lambda(\lambda, T)$ (一般情况下，在遥感应用中假定目标是对热辐射的不透明体)：

$$\varepsilon_\lambda(\lambda, T) + \rho_\lambda(\lambda, T) = 1 \tag{2-7}$$

在热红外波段，物体的反射率越低，其发射率越高。水体的反射率几乎为零，所以其发射率接近 1。

人们应用基尔霍夫定律可以研究大量存在的非黑体实际物体的热辐射特性。根据式(2-6)，只要知道实际物体的发射率 $\varepsilon_\lambda(\lambda, T)$，就可推算出实际物体的辐射出射度。基尔霍夫定律也可用于在已知物体辐射能量的情况下，求其辐射温度，这就是辐射测温。

2.2.3.3 比辐射率的影响因素

比辐射率是地物本身内在的一种物理属性，指示着物体的发射能力，它是个重要的参数，极大地影响应用基尔霍夫定律时的准确度和实用性。例如，研究表明，温度为 300K 时，0.01 的 ε 误差可引起 2K 的温度误差(赵英时，2013)。所以，比辐射率在进行热红外遥感温度探测时至关重要。影响比辐射率的因素比较复杂，包括地物种类、表面状态、波长、温度等。

(1)地物种类及表面状态

常温下不同地物在 $8\sim14\mu m$ 的典型平均比辐射率见表 2-5。

表 2-5　常温下各种常见地物的比辐射率

地物名称	典型平均比辐射率($8\sim14\mu m$)	地物名称	典型平均比辐射率($8\sim14\mu m$)
清水	0.98~0.99	水泥混凝土	0.92~0.94
湿雪	0.98~0.99	油漆	0.90~0.96
人的皮肤	0.97~0.99	干植被	0.88~0.94
粗冰	0.97~0.98	干雪	0.85~0.90
健康绿色植被	0.96~0.99	花岗岩	0.83~0.87
湿土	0.95~0.98	玻璃	0.77~0.81
沥青混凝土	0.94~0.97	粗铁片	0.63~0.70
砖	0.93~0.94	光滑金属	0.16~0.21
木	0.93~0.94	铝箔	0.03~0.07
玄武岩	0.92~0.96	亮金	0.02~0.03
干土	0.92~0.94		

注：引自赵英时《遥感应用分析原理与方法》(第 2 版)，2013。

从表 2-5 可以看出，不同地物的比辐射率变化很大；不同组成成分(如表中沥青混凝土和水泥混凝土)或不同湿度(如干植被和健康绿色植被，干雪和湿雪)的物质之间比辐射率也有明显差异。常温下，白云石的比辐射率随表面状态变化而变化，磨光面为 0.929，粗糙面为 0.958；20℃时土壤的比辐射率随含水量变化，干土为 0.92，湿土为 0.95~0.98；落叶树的比辐射率单叶状态为 0.96、整个树冠为 0.98。

(2)波长

以石英为例，图 2-3 展示了 250K 石英的辐射曲线(虚线)及同温度下的黑体辐射曲线(实线)。可以看出：无论是黑体还是石英，辐射曲线都随波长变化而变化。在同一波长上，石英的辐射出射度与同温度下黑体的辐射出射度的比值(比辐射率)随着波长的变化而变化，在某些波段比辐射率接近 1，某些波段比辐射率较小(如 $10\mu m$、$20\mu m$ 等波长)。

(3)温度

比辐射率受到温度的影响。表 2-6 分别列出了石英和花岗岩在不同温度下的比辐射率值。可

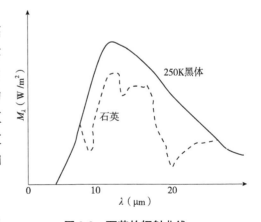

图 2-3　石英的辐射曲线
(引自梅安新《遥感导论》，2001)

表 2-6　物体比辐射率随温度的变化

材料	温度 (℃)	比辐射率	材料	温度 (℃)	比辐射率
碳石	-20	0.694	花岗岩	-20	0.787
	0	0.682		0	0.783
	20	0.621		20	0.780
	40	0.664		40	0.777

以看出，在不同的温度条件下，同一种物质的比辐射率各不相同。

通常，可依据发射率的大小及其与波长的关系，把辐射体分为以下 4 类：

①黑体：$\varepsilon_\lambda(\lambda，T)$ 与波长无关，且 $\varepsilon_\lambda(\lambda，T)\equiv T$。

②灰体：$\varepsilon_\lambda(\lambda，T)$ 与波长无关，且 $0<\varepsilon_\lambda(\lambda，T)<1$，自然界大多数物体为接近黑体的灰体，如喷气发动机或火箭尾喷管的热金属、汽车、人、大地、空间飞行器等。

③白体：$\varepsilon_\lambda(\lambda，T)$ 与波长无关，且 $\varepsilon_\lambda(\lambda，T)\equiv T$。

④选择性辐射体：$\varepsilon_\lambda(\lambda，T)$ 随波长变化，如汞灯、火焰等。

2.3　被动遥感的辐射来源

对地探测被动遥感的辐射源主要是太阳和地球。这两种辐射体的辐射特性不同，因此，遥感应用的波段也具有明显的分段特性。

2.3.1　太阳辐射

(1)能量大小

太阳是一个巨大的电磁辐射源，是地球能量的主要来源。太阳是一个近似理想黑体的辐射体，辐射的能量几乎是它所在有效温度最大可能辐射的能量。太阳辐射的能量大小一般用太阳常数表示。太阳常数定义为：不受大气影响，距太阳一个天文单位，垂直于太阳光辐射方向上，单位面积单位时间黑体所接收的太阳辐射能量。太阳常数常用符号 $I_{\odot}$ 来表示，$I_{\odot}=1.360\times10^3\,W/m^2$。可以认为太阳常数是在大气层顶接收的太阳辐射能量，长期观测表明，其变化不超过 1%。可以由太阳常数和太阳光球半径推算太阳光球表面辐射出射度 $M_{\odot}$。

(2)波谱分布

太阳辐射光谱是连续光谱，辐射的电磁波从波长小于 10^{-14} m 的 γ 射线一直到波长大于 10km 的无线电波，但在各个波段能量分布差异较大，差异主要集中于可见光与近红外波段，具体见表 2-7。

表 2-7　太阳辐射各波段能量比例

波长（μm）	波段名称	能量比例（%）
<0.20	γ 射线、X 射线和远紫外	0.02
0.20~0.31	中紫外	1.95
0.31~0.38	近紫外	5.32
0.38~0.76	可见光	43.50
0.76~1.50	近红外	36.80
1.50~5.60	中红外	12.00
>5.60	远红外和微波	0.41

注：引自梅安新《遥感导论》，2001。

2.3.2　地球辐射

（1）能量大小

地球吸收太阳辐射能量，并以自身温度向外辐射能量。地球辐射能量并不像太阳辐射那样相对稳定，而是随着地球与太阳的位置、季节更替（地球的公转）、昼夜变化（地球的自转）而变化。所以，地球辐射能量的大小不是一个常数，是随着地表温度有昼夜和季节变化的。

（2）能量分布

以 300K（温暖季节地表温度）黑体辐射作为地球辐射的近似，其辐射能量在各波段上的分布不是均衡的，主要集中于远红外波段，具体情况见表 2-8。

表 2-8　地球辐射各波段能量比例

波长（μm）	波段名称	能量比例（%）
<3	γ 射线、X 射线、紫外、可见光和近红外	0.20
3~5	中红外	0.60
5~8	远红外	10
8~14	远红外	50
14~30	远红外	30
>30	远红外和微波	9.20

2.3.3　被动遥感辐射能量来源的分段特性

被动遥感的辐射能量来源主要是两种：地表反射的太阳辐射和地表自身的热辐射。倘若把太阳和地球分别看作不同温度的黑体，则根据普朗克公式和黑体辐射曲线可知，太阳在任何波段上的辐射均高于地球。然而，太阳辐射传输经过漫长的空间距离到达大气层顶，然后先经历一次大气的衰减，到达地表之后，又被地物吸收、透射，剩下的反射辐射再次经历大气衰减之后才能到达传感器；而地球辐射只需要经历一次大气衰减就可到达传感器。这些影响叠加于太阳辐射、地球辐射能量分布的波段差异（太阳辐射主要集中于波

19

表 2-9　被动遥感辐射能量来源的分段特性

波段名称	可见光与近红外	中红外	远红外和微波
波长范围	$0.3 \sim 2.5\mu m$	$2.5 \sim 6.0\mu m$	$>6.0\mu m$
辐射来源	太阳辐射（地表反射的太阳辐射）为主	太阳辐射（地表反射的太阳辐射）和地球辐射（地表自身的热辐射）	地球辐射（地表自身的热辐射）为主

注：引自梅安新《遥感导论》，2001。

长较短的可见光和近红外波段，而地球辐射主要集中于波长较长的远红外波段）之上，使得被动遥感的辐射能量来源具有明显的分段特性（表 2-9）。

在可见光与近红外波段（$0.3 \sim 2.5\mu m$），地表自身的热辐射非常微弱，太阳辐射在此波段范围的辐射非常强烈，被动遥感的传感器接收的辐射能量主要来源于地表反射的太阳辐射，所以 $0.76 \sim 2.5\mu m$ 的近红外波段又称为反射红外波段。在这一波段可采用摄影方式、扫描方式成像，主要以探测地物反射的辐射能量为基础，根据不同地物的反射特性识别和区分地物。由于主要以太阳辐射作为来源，所以探测时间为白天，夜晚不能成像。

在远红外和微波波段（$>6.0\mu m$），太阳辐射能量较弱，并且经过大气的两次衰减之后很难到达传感器，而地表自身热辐射的峰值在此波段范围，相对来说辐射较为强烈，所以传感器接收的辐射能量主要来源于地表自身的热辐射。在这一波段可用红外辐射传感器、被动微波辐射仪对地探测成像，主要以探测地物自身的辐射能量为基础，根据不同地物的温度、发射率、介电常数等物理性质识别和区分地物。由于主要以地表自身辐射作为来源，所以昼夜均可成像，夜晚的成像效果可能会更好。

在中红外波段（$2.5 \sim 6.0\mu m$），地表自身的热辐射能量相较可见光、近红外波段升高，地表反射的太阳辐射在此波段范围有所下降，故二者能量没有明显的高低之分，被动遥感传感器观测的辐射能量可以是两种来源。如果忽略大气本身的影响，可以认为到达地球的太阳辐射能量和地球自身发出的辐射能量在波长 $4.5\mu m$ 左右相等；再考虑大气影响，两种辐射相当的波长范围为 $2.5 \sim 6.0\mu m$（肖温格特，2010），在这一波段可采用扫描方式成像。中红外波段常用于观测地表一些高温物体的状况，如林火、火山熔岩等。

2.4　大气对辐射传输的影响

辐射能量从辐射源出发，经过了一次或多次、整层或局部大气层之后，到达传感器。大气对辐射是否有影响呢？这种影响是否可以忽略不计呢？以太阳辐射为例，大气上界的太阳辐照度和海平面上的太阳辐照度曲线有明显差距（图 2-4）。大气上界的太阳辐照度曲线是一条连续的曲线，而且在各个波段上的辐照度值均高于海平面上的太阳辐照度。海平面上的太阳辐照度曲线在部分波段断开，如 $1.8 \sim 2.0\mu m$。从两条曲线的差异来看，大气对辐射的影响是存在的，而且是显而易见的。从辐射能量衰减的角度来考察，大气对辐射的影响主要有 3 种作用：吸收、散射和反射。这些作用又与大气的层次分布和成分组成等状况有关。

一般认为，大气层的厚度约为 1 000km，离地越远越稀薄。由下而上在垂直方向上可

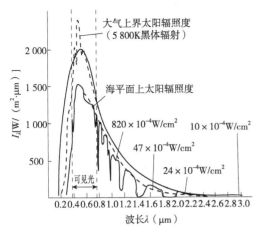

图 2-4　大气对太阳辐射的影响
（引自梅安新《遥感导论》，2001）

分为对流层、平流层和电离层。电离层的主要作用是反射地面发射的无线电波，其对所用波段比无线电波短得多的遥感基本没有影响。对遥感产生影响的是对流层和平流层。

大气的物质结构组成主要为分子和其他微粒。分子主要包括：N_2 和 O_2，约占 99%；其余 1% 包括 O_3、CO_2、H_2O、N_2O、CH_4、NH_3 等，虽然量小但作用巨大。其他微粒主要以气溶胶形式存在。气溶胶是由固体或液体小质点分散并悬浮在气体介质中形成的胶体分散体系，又称气体分散体系，天空中的云、雾、尘埃，锅炉和发动机里未燃尽的燃料所形成的烟，采矿场、采石场磨材和粮食加工时所形

成的固体粉尘，人造的掩蔽烟幕和毒烟等都是气溶胶的具体实例。大气中其他微粒的成分和含量与人类活动关系密切，多分布于离地面高度 5km 以下。大气中的气溶胶主要有两种来源途径：地表物质的扩散和大气中的化学反应或冷凝、凝结作用。气溶胶大多数在地球表面产生，含量和种类与区域状况密切相关，可能包含海盐粒子、矿物粒子（沙尘，硫酸盐、硝酸盐气溶胶）、有机质、工业燃烧或生物燃烧产生的含碳物质等。

2.4.1　大气吸收

大气吸收作用的主体是大气分子，包括水汽、O_3、CO_2、O_2、N_2 等，通过吸收作用将辐射能量转变为分子的内能。大气的吸收作用可使辐射能量衰减甚至缺失，但对不同波段有不同的作用（图 2-5）。大气吸收带主要位于紫外、红外波段；此外，水分子和氧分子在部分微波波段也有吸收。O_3 除了在 $0.22 \sim 0.32\mu m$ 有个很强的吸收带之外，在 $0.6\mu m$ 附近还有一个弱吸收带，在 $9.6\mu m$ 附近也有个强吸收带；CO_2 在中—远红外（$2.7\mu m$、$4.3\mu m$、$14.5\mu m$ 附近）均有强吸收带，最强带在 $13.5 \sim 17.5\mu m$ 的远红外波段；水汽的吸收辐射是所有其他大气组分的吸收辐射的几倍，最重要的吸收带（吸

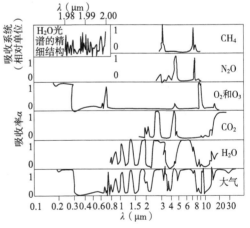

图 2-5　大气吸收谱
（引自梅安新《遥感导论》，2001）

收超过 80%）在 $2.5 \sim 3.0\mu m$、$5.5 \sim 7.0\mu m$ 和 $>27.0\mu m$，在微波波段 0.94mm、1.63mm 和 1.35cm 有 3 个吸收峰。

大多数气体分子的分布在空间和时间上都是很稳定的，如 O_3 主要分布在离地表 20～50km 的平流层；CO_2 通常与其他干燥气体均匀混合在一起，主要分布于低层大气，在大

气中的含量仅占 0.03% 左右；最不稳定的是水汽，通常存在于边界层，含量变化在各地很大（0.1%~3%），对遥感数据影响也最大。

2.4.2 大气散射

辐射在传播过程中遇到小微粒而使传播方向发生改变，并向各个方向散开，称为散射。散射减弱了原来传播方向上的辐射强度，增加了向其他方向的辐射。其实质是电磁波在传输中遇到大气微粒而产生的一种衍射现象。只有当大气中的分子或其他微粒的直径小于或相当于辐射波长时大气散射才会发生。

大气散射的主体包括大气分子和大粒子气溶胶。对于球形微粒来说，其散射特征取决于折射指数和尺寸参数，具体如下：

$$k = 2\pi d/\lambda \tag{2-8}$$

式中 d——球体微粒半径；

λ——辐射波长。

当 $k < 0.01$ 时，即微粒半径 d 远小于辐射波长 λ 时发生瑞利散射；当 $0.1 < k < 50$ 时，即微粒半径 d 与辐射波长 λ 相当时发生米氏散射。大气中的大多数气溶胶粒子，其散射特征遵循米氏理论。

(1) 瑞利散射

当微粒半径 d 远小于辐射波长 λ 时发生瑞利散射。瑞利散射的主体是大气中的原子、分子，如 N_2、O_2、O_3、CO_2 分子。瑞利散射的特点是散射强度与波长的四次方呈反比，即 $I \propto \lambda^{-4}$，散射强度对波长特别敏感，波长越短，散射越强。

瑞利散射对可见光影响特别大。无云的晴空是蓝色的，这是因为对可见光中 7 种光的瑞利散射强度不同，蓝光波长短，被散射得厉害，到达地表的少，向四面八方散射得多，使整个天空呈现出蓝色（表 2-10）。如果没有发生瑞丽散射，天空应该为黑色。瑞利散射对可见光内部的差异散射也可以用来解释为什么日出和日落时阳光是橘红色：在日出和日落时，日光穿过了比正午时更长的大气层厚度，波长短的紫、蓝、绿光等被散射得很彻底，人们能看到的是散射相对较弱的波长较长的橘黄色光和红光。

表 2-10 波长与瑞利散射率的关系

光线类型	红光	橙黄光	黄光	绿光	青蓝光	紫光	紫外线
波长（μm）	0.7	0.62	0.57	0.53	0.47	0.4	0.3
散射率	1	1.6	2.2	3.3	4.9	5.4	30.0

因为瑞利散射发生的条件是微粒直径 d 远小于辐射波长 λ，所以，除了可见光容易发生瑞利散射，大气中的小微粒对微波辐射也可以满足这一条件，从而产生瑞利散射。但是，由于瑞利散射的特点是散射强度随波长增加迅速减弱，所以，对波长长的微波来说，瑞利散射对其的影响又很微弱，可以认为几乎不受影响。

瑞利散射是造成遥感图像辐射畸变、图像模糊的主要原因，降低了图像的清晰度和对比度。在彩色摄影中，特别是从较高的地方拍摄时，通常会得到蓝灰色调的图像。在遥感中，摄影机镜头可通过安装不能透过蓝紫光短波的滤光镜，消除或减轻图像模糊，提高影像的灵敏度和清晰度；在一些传感器中，放弃蓝光波段的探测和记录（如 SPOT 卫星 HRV 传感器），也是由于这一原因。

（2）米氏散射

当大气颗粒的半径 d 基本等于辐射波长 λ 时发生米氏散射。水蒸气、尘埃、气溶胶和烟是造成米氏散射的主要原因，往往影响比瑞利散射更长的波段，包括可见光及可见光以外广大范围。米氏散射的特点是散射强度与波长的二次方呈反比，即 $I \propto \lambda^{-2}$，并且散射在光线向前方向比向后方向更强。在通常的大气条件下，瑞利散射占主导地位；但在阴天和空气湿度较大的天气时，由于云雾的粒子大小与红外线波长（$0.76 \sim 15\mu m$）相近，极易发生米氏散射，其对红外辐射的影响也不可小视。

（3）无选择性散射

当大气颗粒的半径 d 远远大于电磁波波长 λ 时发生无选择性散射。这种散射的特点是散射强度与波长无关。水滴会引起这种散射。水滴的直径通常为 $5 \sim 100\mu m$，等量地散射所有可见光、近红外和中红外波长的辐射。云和雾呈白色就是无选择性散射等量散射蓝光、绿光和红光而引起的。

大气散射对辐射传输、遥感数据获取影响极大，它改变了太阳辐射的方向，降低了太阳光直射的强度，削弱了到达地面或地面向外的辐射，产生了漫反射的天空散射光，造成遥感影像的辐射畸变；增强了地面的辐照和大气层本身的"亮度"，使地面阴影呈现暗色而不是黑色，降低了遥感影像的对比度、清晰度以及影像空间信息的表达能力。

总体而言，瑞利散射主要发生在可见光和近红外波段；米氏散射对红外波段影响较大；无选择性散射较易发生在波长较短的可见光和红外波段。所以，散射对可见光和红外线衰减明显；对于微波，其可能发生的散射类型是瑞利散射，规律却是波长越大受到的衰减越小。因此，微波被认为散射最小、透过率最高，具有穿云透雾的能力。

2.4.3 大气反射

电磁波在通过两种介质的交界面时会发生反射现象。反射削弱了到达地面的电磁波能量。大气反射主要发生在云层顶部，反射的强弱取决于云量大小。大气反射对各波段电磁辐射都有不同程度的影响，因此，对地遥感尽量应该选择在晴朗无云的天气进行；选择遥感影像时，也应尽量选择云量少的影像。

2.4.4 大气透射

从辐射能量损耗的角度考察，太阳辐射通过大气时主要受到大气吸收、大气散射和大气反射 3 种衰减作用而导致辐射能量减弱。由此而引起的光线强度的衰减称为消光。

大气衰减对电磁波不同波段的影响不同。就可见光和近红外而言，被云层或其他粒子反射回去的比例约占 30%，散射约占 22%，吸收约占 17%，能够透过大气到达地表的辐射能量只有入射能量的 31%。可见大气对辐射的衰减作用是非常明显的。能量损耗太大对遥感探测显然是不利的。当电磁波入射到两种介质的分界面时，部分入射能穿越两种介质的分界面的现象称为透射。介质透射能量的能力用透射率 τ 来表示，定义为透过物体的电磁波强度（透射能）与入射能量之比。

2.4.5 大气窗口

通常把通过大气层时较少被反射、吸收或散射，透过率较高的电磁波波段称为大气窗口（表 2-11）。

表 2-11 大气窗口的光谱段

波长范围	光谱段	遥感应用	实 例
0.3~1.3μm	紫外、可见光、近红外波段	摄影成像的最佳波段，扫描成像的常用波段	Landsat 5 的 TM，band 1~4；Landsat 7 的 ETM+，band 1~4，8；Landsat 8 的 OLI，band 1~5，8；Terra 的 MODIS，band 1~5，8~19
1.5~1.8μm 和 2.0~3.5μm	近、中红外波段	白天日照条件好时扫描成像的常用波段，用于探测植物含水量及云雪或地质制图	Landsat 5 的 TM，band 5，7；Landsat 7 的 ETM+，band 5，7；Landsat 8 的 OLI，band 6~7，9；Terra 的 MODIS，band 6~7
3.5~5.5μm	中红外波段	扫描成像的常用波段，用于探测森林火灾、火山、洋面、地表、云温	Terra 的 MODIS，band 20~25
8~14μm	远红外波段	扫描成像的常用波段，用于探测地表温度、云高	Landsat 5 的 TM，band 6；Landsat 7 的 ETM+，band 6；Landsat 8 的 TIRS，band 10~11；Terra 的 MODIS，band 29~35
0.8~2.5cm	微波波段	主动或被动方式遥感的常用波段，可用于全天时全天候观测	Radarsat、ENVISAT

人眼可感知的光谱范围（可见光）与大气窗口和来自太阳的能量峰值是一致的；摄影机可在 0.3~0.9μm（近紫外、可见光、近红外）范围工作；多光谱扫描仪可在 0.3~10μm 波段工作；热扫描仪在 3~10μm 波段工作；雷达和被动微波辐射计在 1mm~1m 之间的微波波段工作。初始辐射电磁能量、大气窗口及检测记录能量的传感器的光谱灵敏度对于遥感探测都很重要。因此，在遥感探测中，传感器的选择必须考虑：①所用传感器的光谱灵敏度；②在所希望探测的光谱波段区间是否存在大气窗口；③这些波段范围内可能有的能量、强度和光谱成分；④必须根据辐射能量与所研究物体相互作用的方式来选择传感器的光谱范围（图 2-6 至图 2-8）。

在热红外遥感波段的选择上就综合考虑了相关因素。在热红外区，存在着 3~5μm 及 8~14μm 两个大气窗口。地面物体的温度一般为 -40~40℃，平均环境温度为 27℃（300K）。根据维恩位移定律，地物（-40~40℃）的辐射峰值波长为 9.26~12.43μm，其辐射峰顶波长约为 9.7μm，处于热红外谱段 8~14μm 的大气窗口内；且随温度升高发射辐射的峰值向短波方向移动。对于地面高温目标（如林火、熔岩等），其温度在 600K 以上，辐射峰顶值波长为 4.8μm，处于热红外谱段 3~5μm 的大气窗口内。所以，通常热红外遥感波段的选择在 8~14μm 和 3~5μm 两个区间内。8~14μm 的远红外波段主要用于调查地

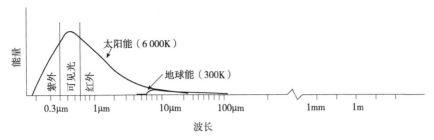

图 2-6　被动遥感能量的光谱特征

（引自利拉桑德《遥感与图像解译》第 7 版，2016）

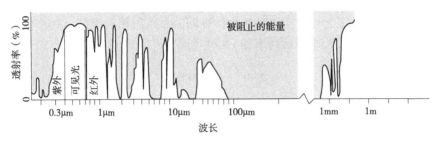

图 2-7　大气传输的光谱特征

（引自利拉桑德《遥感与图像解译》第 7 版，2016）

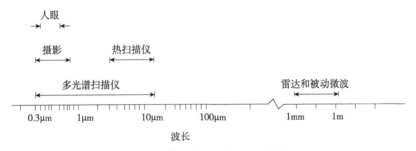

图 2-8　常用遥感系统的工作波段

（引自利拉桑德《遥感与图像解译》第 7 版，2016）

表一般物体的热辐射特性，探测常温下的温度分布、目标的温度场，进行热制图等，如地热调查、土壤分类、水资源考察、城市热岛、地质找矿、海洋鱼群探测、海洋油污调查等。$3 \sim 5\mu m$ 的中红外波段对火灾、火山喷发等高温目标敏感，常用于捕捉高温信息，进行各类火灾、火山喷发、火箭发射等高温目标的识别和监测，特别对于森林火灾，可以清楚地显示火点及火线的形状、大小、位置等。

2.5　地物的反射

在电磁辐射与物体的相互作用过程中，会出现 3 种情况：入射的辐射能量一部分被吸收，另一部分被反射，还有一部分被透射，而且它们的关系遵循能量守恒定律，即三部分之和等于入射的辐射能量。3 个分量的多少取决于辐射波长，地物的物理、化学性质和状态，可以根据这一差别来区分图像中的不同地物特征。电磁辐射能量与物体的 3 种作用具有波长依赖性，即使是同一种地物，反射、发射和透射能量比例也会随波长变化而变化。例如，植物叶子对可见光辐射是不透明的，但它却能透射一定量的红外辐射和微波。因此，两个地物在某一个波段中可能是不易区分的，在另一个波段中可能有很大差异。所以，在遥感中，探测并记录不同波段图像，对遥感应用有很重要的作用。

2.5.1　反射率

当电磁辐射能到达两种不同介质的分界面时，入射能量的一部分或全部返回原介质的现象称为反射。由于许多遥感系统是在反射能量占主导的波段范围工作，因而探究地物的反射特性对遥感的应用非常重要。反射的特性可用反射率(reflectance)表示。物体反射率定义为物体表面反射的辐射亮度 p_ρ 占到达物体表面的总入射辐射照度 p_0 的百分比，适用于光谱反射率(ρ_λ)和整个波长总的反射率(ρ)两种情况。

$$\rho_\lambda = \frac{p_{\rho\lambda}}{p_{0\lambda}} \cdot 100\% \tag{2-9}$$

$$\rho = \frac{p_\rho}{p_0} \cdot 100\% \tag{2-10}$$

$\rho \in [0, 1]$，无量纲。

反射的特征也可表示为反照率(albedo)，又称半球反射率，被定义为目标物向各个方向反射的全部辐射能量与入射的总辐射能量之比，常用 α 表示。地表反照率是指以太阳光作为入射光的地表半球反射率，可以看作地表反射各方向的积分。

在具体应用中，反照率可进一步分为：①定向半球反射率(directional hemispherical reflectance，DHR)，指以太阳直射光作为入射光的地表半球反射率，也称直入扇出反照率，在 MODIS 产品中被称为黑空(black-sky)反照率；②双半球反射率(bihemispherical reflectance，BHR)，指以太阳直射光和天空散射光作为入射光的地表半球反射率，也称扇入扇出反照率，在 MODIS 产品中被称为白空(white-sky)反照率；③半球定向反射率(hemispherical directional reflectance，HDR)，指以太阳直射光和天空散射光作为入射光的地表方向反射率。

影响物体反射的因素包括物体类别、组成、结构、入射角、物体的电学性质及表面特征等。对于遥感应用而言，物体的反射性质是揭示目标本质的最有用信息。地物反射波谱特征的研究，对遥感非常重要，是各种遥感应用的基础(赵英时，2013)。

对电磁波的入射、反射方向严格定义的反射率称为定向反射率(directional reflectance)。入射、反射都为微小立体角时的反射率就是双向反射率。假设在某一微小面上，由某一方向(θ_i，φ_i)的入射光引起了某一方向(θ_r，φ_r)的反射光，那么就把该方向的入射光所引起的面的照度 $dE_i(\theta_i, \varphi_i)$ 与反射方向(θ_r，φ_r)的反射光的亮度 $dL_i(\theta_i, \varphi_i, \theta_r, \varphi_r, E_i)$ 之比称为双向反射率分布函数(bidirectional reflectance distribution function，BRDF)，表示为 $f_r(\theta_i, \varphi_i, \theta_r, \varphi_r)$。

2.5.2　反射类型

物体的反射类型可分为 3 种(图 2-9)：镜面反射、漫反射和方向反射。

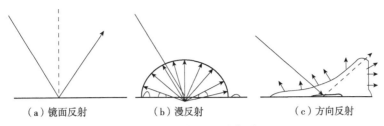

（a）镜面反射　　　　　（b）漫反射　　　　　（c）方向反射

图 2-9　反射的 3 种类型

（引自赵英时《遥感应用分析原理与方法》第 2 版，2013）

（1）镜面反射（specular reflection）

物体表面光滑时，只能在与入射角相等的反射方向观测到反射能量。对可见光而言，镜面反射只在极少数情况才能发生，如镜面、光滑金属表面和平静水面；但是，对微波而言，镜面反射较多，路面也可发生镜面反射。

（2）漫反射（diffuse reflection）

漫反射又称为朗伯（Lambert）反射或各向同性反射，特点是反射能量在各个方向上均匀散布，在任何观察角上的反射辐射亮度都恒定的，即反射辐射亮度与观察的角度无关。能发生漫反射的表面称为朗伯面，朗伯面是一个理想化的表面。对可见光而言，土石路面、均一的草地表面均属朗伯面。在遥感中多用朗伯面作为近似的自然表面，漫反射对遥感具有重要意义。在航天遥感中，地表可视为朗伯面，当太阳辐照度一定时（一般高度角 >45°），传感器在太空记录的地物辐射亮度，仅与地物的反射率有关，不但决定了物体的可见度，而且直接反映各种地物的固有反射特性。对于漫反射，存在着以下关系。

$$\alpha = \pi\rho \tag{2-11}$$

式中　α——朗伯面总反射率（即反照率）；

　　　ρ——某一观察方向上的反射率。

（3）方向反射（directional reflection）

实际物体大多数既不完全是粗糙的朗伯面，也不完全是光滑的"镜面"，而是介于两者之间的非朗伯表面（非均一，各向异性），其反射多数都处于镜面反射和漫反射之间，特点是在各个方向上都有反射能量，但不同方向上能量大小不同。

任一表面的反射特性是由其表面粗糙度决定的，表面粗糙度是入射波长的函数，并与入射角关系密切。瑞利判别准则用于判断表面粗糙程度。

$$h \leq \lambda/8\cos\theta \tag{2-12}$$

式中　h——某一平面以上的高度，以波长计；

　　　λ——波长；

　　　θ——入射角。

满足瑞利判别准则的表面则为光滑表面，可发生镜面反射；反之，则为粗糙表面，不可发生镜面反射。从瑞利判别准则来看，是否发生镜面反射，不仅取决于表面本身的平均物理粗糙度值有关，而且还与入射电磁波的波长、入射的角度显著相关。因此，即便是同一个表面，对于可见光可能是粗糙的表面，对于微波则可能是光滑的表面。在可见光波段，镜面反射的情况很少，而在波长较长的微波波段，发生镜面反射的概率大为增加。

2.6 地物波谱

地物反射、吸收、发射电磁波的强度是随波长变化的。人们往往以波谱曲线的形式表示地物波谱特征，简称地物波谱或地物光谱。地物波谱可通过各种光谱测量仪器(如分光光度计、地物光谱仪、摄谱仪、光谱辐射计等)在实验室或野外测量得到。地物波谱的测量经常用于3个方面：①传感器波段选择、验证、评价的依据；②建立地面、航空和航天遥感数据的关系；③将地物光谱数据直接与地物特征进行相关性分析并建立应用模型(梅安新，2001)。

地物波谱特征研究是遥感基础研究的重要组成部分。它对于研究遥感成像机理，选择传感器最佳探测波段、研制遥感仪器，以及遥感图像分析、数字图像处理中最佳波段组合选择、专题信息提取、提高遥感精度、遥感应用分析、遥感定量反演等具有重要作用。地物波谱可分为地物发射波谱、反射波谱、吸收波谱等。

2.6.1 地物的发射波谱

地物发射率 ε 随波长 λ 变化的特征曲线称为发射波谱。图2-10展示了不同岩浆岩所具有的不同的热红外发射波谱特征，不同的吸收谷位置代表着不同的物质结构。因此，热红外波段发射波谱特征可用于识别物体。但是，热红外传感器只能测得物体的辐射亮度 L，而辐射亮度是物体温度 T 和发射率 ε 的函数，如何将温度因子的影响消除，而仅就发射波谱特征来识别和区分地物还是一个比较复杂的问题。所以，利用发射波谱识别地物还需要深入的研究。

2.6.2 地物的反射波谱

地物的反射波谱指地物反射率 ρ 随波长 λ 的变化规律。通常用平面坐标曲线表示，横轴为波长 λ，纵轴为反射率 ρ。同一物体的反射波谱曲线表现出其在不同波段的反射率，将遥感传感器的对应波段接收的辐射数据与地物反射波谱曲线对照，可以识别地物。

遥感传感器测得的是地物的辐射亮度，在可见光—近红外—短波红外波段，地物的辐射亮度主要取决于入射的太阳辐射和地物的反射率，而入射的太阳辐射是一个相对稳定的量，那么，利用反射率来识别地物就比较直接和方便，因而在遥感研究中地物的反射波谱应用非常广泛。熟悉和掌握重要地物的反射波谱非常重要，是遥感识别地物和监测地物状况的依据和参考。植被、土壤、水体、岩石是重要的地表覆盖物，下面分别对这4种地物的反射波谱特征进行阐述。

(1) 植被的反射波谱
植被的反射波谱特征规律性明显而独特(图2-11)，在可见光—近红外波段主要分为3段。①可见光波段(0.38~0.76μm)：在0.45μm附近的蓝光波段和0.67μm附近的红光波段各有一个吸收带，位于两个吸收带之间的0.55μm附近的绿光波段则形成一个小的反射峰(反

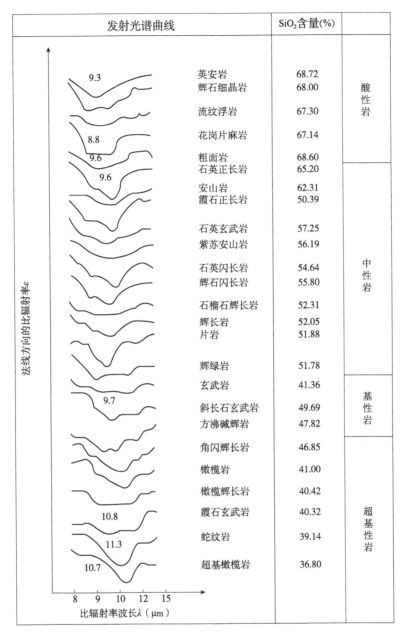

发射光谱曲线	SiO₂含量(%)	
英安岩	68.72	酸性岩
辉石细晶岩	68.00	
流纹浮岩	67.30	
花岗片麻岩	67.14	
粗面岩	68.60	中性岩
石英正长岩	65.20	
安山岩	62.31	
霞石正长岩	50.39	
石英玄武岩	57.25	
紫苏安山岩	56.19	
石英闪长岩	54.64	
辉石闪长岩	55.80	
石榴石辉长岩	52.31	
辉长岩	52.05	
片岩	51.88	
辉绿岩	51.78	基性岩
玄武岩	41.36	
斜长石玄武岩	49.69	
方沸碱辉岩	47.82	
角闪辉长岩	46.85	超基性岩
橄榄岩	41.00	
橄榄辉长岩	40.42	
霞石玄武岩	40.32	
蛇纹岩	39.14	
超基橄榄岩	36.80	

图 2-10　各类岩浆岩的比辐射率

(引自徐希孺《遥感物理》，2005)

射率为 10%~20%)；②近红外波段(0.7~1.3μm)：在 0.7~0.8μm，反射率迅速上升，形成反射"陡坡"，至 1.1μm 附近达到反射峰值(反射率可达 40%~60%)；③短波红外波段(1.3~3μm)：反射率下降，在 1.45μm、1.95μm 和 2.7μm 附近各形成一个吸收带。

　　以上 3 段曲线起伏的原因不一。可见光波段红蓝两个吸收带和绿反射峰的形成是由于叶绿素的影响，植被光合作用对红、绿、蓝光的需求程度有差异；近红外波段高反射带的形成主要因为叶细胞结构的影响，叶片多孔的薄壁细胞组织(海绵组织)对 0.8~1.3μm 的

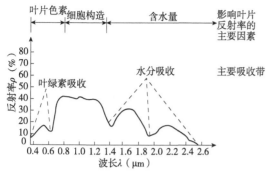

图 2-11 绿色植被的反射光谱及影响因素

（引自梅安新《遥感导论》，2001）

近红外线强烈反射；短波红外波段的反射率下降及几个吸收带的形成是由于叶片含水量的影响，水分对这部分电磁波吸收强烈。

植被在不同波段的色调变化如图 2-12 所示。在 OLI band 2，蓝光波段，植被色调最深，对应着蓝光波段的强烈吸收；到 OLI band 3，绿光波段，植被色调变浅，对应着绿光波段的小反射峰；到 OLI band 5，近红光波段，植被色调为灰白色，展示了植被在这一波段的高反射；在 OLI band 6 和 OLI band 7，短波红外波段，色调分别为中灰和深灰，分别对应 1.560~1.660μm 和 2.100~2.300μm 的不同反射。

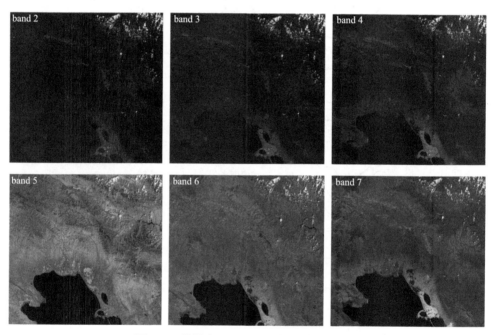

图 2-12 植被在不同波段影像上的色调变化

图 2-11 表现了健康的绿色植被反射波谱的一般规律。植物种类（如草本和乔木）、生长发育期（如出苗和开花）、生长状况（如病虫害、干旱胁迫）、管理（如灌溉施肥）等因素不同都会通过控制叶绿素含量、改变叶细胞结构或控制水分含量从而影响到各个波段反射波谱的变化。因此也为植被遥感区分植被类型、诊断生长状况、大面积估产提供了分析基础。

在植被波谱红光波段的吸收谷和近红外波段的反射陡坡之间（0.70~0.75μm），健康植物的光谱响应陡然增加，这一窄条带区被称为"红边"，是植物的敏感特征光谱段。当植物处于不同的物候期、健康状况时，或植物类型不同、叶绿素含量不同时，红边会移动。

如果朝向长波方向移动，称"红移"，如果朝向短波方向移动，称"蓝移"。作物从生长发育到成熟期，其光谱红边会红移；而植物受到地球化学元素异常影响（如受金属毒害作用等），会诱发植物出现中毒性病变，其光谱红边会发生"蓝移"。红移和蓝移的幅度基本相似，大致 7~10nm，在严重受压抑情况下，蓝移可达 40nm。可以利用红边"红移"或"蓝移"来检测植被的生长发育状况。

（2）土壤的反射波谱

土壤的反射波谱曲线比较平坦，基本没有大的起伏，也没有明显的波峰和波谷。影响土壤反射波谱的因素有土壤颜色［图 2-13（a）］、机械组成［图 2-13（b）］、有机质含量［图 2-13（b）］、含水量［图 2-13（c）］等。

需要注意的是，不同类型的土壤性状主要表现在剖面上，而不是表现在土壤的表面，因此仅靠土壤表面的反射波谱来区分不同的土壤类型，有一定的难度。通过遥感图像综合分析来进行土壤的识别可能会更好一些。

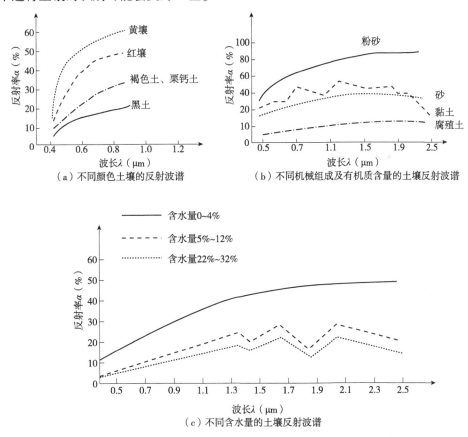

（a）不同颜色土壤的反射波谱　　（b）不同机械组成及有机质含量的土壤反射波谱

（c）不同含水量的土壤反射波谱

图 2-13　不同土壤的反射波谱

（改绘自梅安新《遥感导论》，2001）

当土壤表面有植被覆盖时，若植被覆盖度小于 15%，则其波谱反射特征仍与裸土近似；当植被覆盖度在 15%~70% 时，表现为土壤和植被的混合波谱，波谱反射值是两者的加权平均；当植被覆盖度大于 70% 时，基本表现为植被的波谱特征。因此，对土壤进行遥

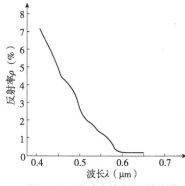

图 2-14　清洁水体的反射波谱

（改绘自梅安新《遥感导论》，2001）

感时，选择植被较为稀疏季节的影像可以减少植被覆盖对土壤的遮挡。

（3）水体的反射波谱

清澈的水体反射率总体上较低，不超过 10%。在可见光范围，一般为 4%~5%，并且随着波长的增大逐渐降低；波长在 $0.6\mu m$ 附近时，反射率为 2%~3%；波长超过 $0.75\mu m$ 时，几乎没有反射（图 2-14）。在近红外影像上，清澈的水体呈黑色，可以利用近红外波段的影像来区分水体和陆地。

水体在不同波段的色调变化如图 2-15 所示。在 OLI band 2，蓝光波段，水体色调较浅，到 OLI band 3，绿光波段，再到 OLI band 4 和 OLI band 5，色调逐渐加深；在 OLI band 6 和 OLI band 7，色调为黑色，与陆地地物的差异很明显，水陆界线非常清楚。

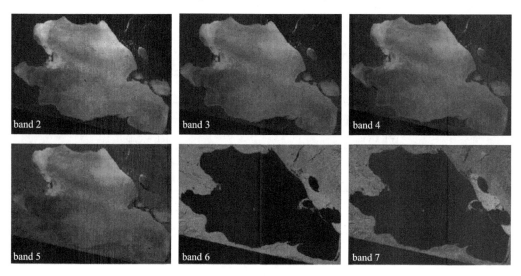

图 2-15　水体在不同波段影像上的色调变化

当水体中有悬浮物时，如泥沙、浮游植物等，其波谱特征在不同波段会表现出不同的差异。与清水比较，含有泥沙的浑浊水体波谱特征如下：浑浊水体反射波谱曲线整体高于清水，并且泥沙浓度越大，差异越显著；浑浊水体波谱反射极值向长波方向移动。清水在 $0.75\mu m$ 左右反射率接近零，浑浊水体在 $0.93\mu m$ 处反射率才接近零（图 2-16）。利用这些波谱特征差异，可以在遥感影像上探测水深、水中泥沙分布等情况。

当水体中叶绿素浓度增加时，蓝光波段的反射率降低，绿光波段的反射率增加，而近红外波段的反射率增加更明显，水体总体的反射波谱曲线有明显的变化（图 2-17）。可以利用这些特点监测水体富营养化的状况。

（4）岩石的反射波谱

岩石的反射波谱曲线无统一特征（图 2-18），影响因素也较复杂。首先，岩石的反射波谱

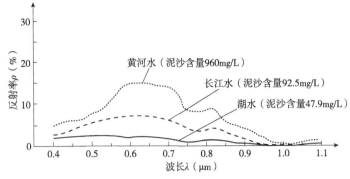

图 2-16 不同含沙量水体反射波谱曲线
（引自梅安新《遥感导论》，2001）

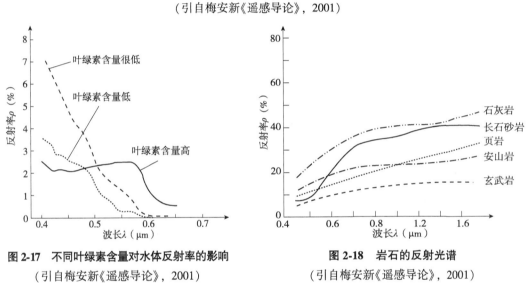

图 2-17 不同叶绿素含量对水体反射率的影响
（引自梅安新《遥感导论》，2001）

图 2-18 岩石的反射光谱
（引自梅安新《遥感导论》，2001）

受岩石本身的矿物成分和颜色的影响。就岩浆岩而言，随着二氧化硅含量降低、暗色矿物含量增高，岩石的颜色由浅变深，光谱反射率随之降低。其次，岩石的反射波谱率受矿物颗粒大小和表面粗糙度的影响。矿物颗粒细、表面比较平滑的岩石，反射率较高。此外，岩石表面湿度对反射率也有影响。一般而言，岩石表面湿度大，则颜色变深，反射率降低。

2.7 传感器探测波段设计

传感器探测波段设计在遥感数据获取中是一个需要重点考虑的问题。波段设计的合适与否决定了获取的遥感数据是否有效、是否有针对性。一般来说，要在卫星发射升空之前，在地面反复进行实验，筛选合适的波段。例如，Landsat 系列卫星上搭载的传感器，经过了多次试验之后选定，在后续卫星设计过程中不会进行很大的调整，以保持该系列卫星的传感器具有延续性和继承性。

传感器的波段选择要考虑以下因素：①探测目标物的波谱特征：熟悉地物的波谱特

征，选择波谱曲线的重要点，如波峰、波谷、陡坡、拐点对应的波长作为探测的波段；从近紫外到短波红外波段要考察的是目标物的反射波谱特征，在热红外波段要考察的是目标物的发射波谱特征。②目标物和其他地物的波谱特征差异：选择目标物和其他地物波谱特征差异明显的波长进行探测，有助于提高区分地物的效率和效果。③大气窗口：传感器的工作波段只有位于大气窗口，才能保证所成图像的质量较好。

2.7.1 Landsat 系列卫星部分传感器的设计及应用

根据陆地表面重要覆盖物植被、水体、土壤、岩石等在不同波段的波谱特征，利用彼此之间差异较大的大气窗口，进行遥感探测。Landsat 5 的传感器 TM（Thermal Mapper，专题制图仪）设计及应用见表 2-12。Landsat 5 的 TM 及 Landsat 7 的 ETM+传感器的探测波段设计对地物反射波谱的响应（图 2-19）。

表 2-12　Landsat 5 Thermal Mapper（TM）的光谱波段及应用

波段编号	波长（μm）	标定光谱区域	主要应用
1	0.45~0.52	蓝	设计用于水体的穿透，探测水深和浑浊度。适用于海岸制图、土壤/植被辨别、森林类型制图及文化特征的鉴定
2	0.52~0.60	绿	设计用于植被辨别中的绿反射峰值的测量和植物活力评价，同样有助于文化特征的鉴别
3	0.63~0.69	红	设计用于叶绿素吸收区的判断，以帮助进行植物种类的鉴别，同样有助于文化特征的鉴别
4	0.76~0.90	近红外	用于确定植物类型、活力、生物量，以及用于描绘水体和土壤湿度的辨别
5	1.55~1.75	短波红外	指示植物含水量和土壤湿度，也可用于雪与云的区分
6	10.4~12.5	热红外	用于植物胁迫分析、土壤湿度辨别及热力制图
7	2.08~2.35	短波红外	用于辨别矿物和岩石，也对植物含水量敏感

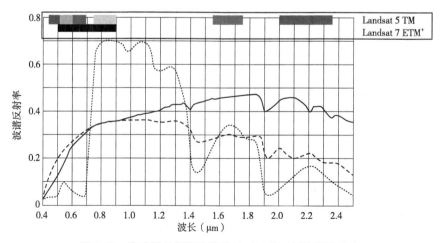

图 2-19　传感器的探测波段设计对地物反射波谱的响应

　　TM、ETM+和 OLI 的探测波段都在大气窗口范围内(0.3~1.3μm、1.5~1.8μm 和 2.0~3.5μm)(表 2-13)。并且，对水陆分界敏感的近红外波段、绿色植被可见光范围的两个吸收谷(蓝、红)一个反射峰(绿)，以及在近红外波段的反射陡坎等有利于区分不同地物及分析地物不同状态的敏感波段都在波段设计的考虑之中。

表 2-13　Landsat 5 TM、Landsat 7 ETM+、Landsat 8 OLI 对应波段比较

Landsat 5 TM			Landsat 7 ETM+		Landsat 8 OLI	
波段编号	波长范围(μm)	标定光谱区域	波段编号	波长范围(μm)	波段编号	波长范围(μm)
					1	0.433~0.453
1	0.45~0.52	蓝	1	0.450~0.515	2	0.450~0.515
2	0.52~0.60	绿	2	0.525~0.605	3	0.525~0.600
3	0.63~0.69	红	3	0.630~0.690	4	0.630~0.680
4	0.76~0.90	近红外	4	0.775~0.900	5	0.845~0.885
5	1.55~1.75	短波红外	5	1.550~1.750	6	1.560~1.660
6	2.08~2.35	短波红外	7	2.090~2.350	7	2.100~2.300
			8	0.520~0.900	8	0.500~0.680
					9	1.360~1.390

　　注：表中只比较了 3 种传感器除了热红外之外的其他波段。TM 和 ETM+各有一个热红外波段，在表 2-14 中与 Landsat 8 的 TIRS 比较。

　　Landsat 8 携带有两个主要载荷：陆地成像仪(Operational Land Imager，OLI)和热红外传感器(Thermal Infrared Sensor，TIRS)，其中 OLI 由科罗拉多州的鲍尔航天技术公司研制；TIRS 由 NASA 的戈达德太空飞行中心研制。OLI 陆地成像仪包括 9 个波段，空间分辨率为 30m，其中包括一个 15m 的全色波段，成像宽幅为 185km×185km。OLI 包括了 ETM+传感器所有的波段，为了避免大气吸收特征，OLI 对波段进行了调整，比较大的调整是 OLI band 5(0.845~0.885μm)，排除了 0.825μm 处水汽吸收特征；OLI 全色波段 band 8 波段范围较窄，这种方式可以在全色图像上更加有利于区分植被和无植被特征。此外，还有两个新增的波段：蓝色波段(band 1：0.433~0.453μm)主要应用海岸带观测；短波红外波段(band 9：1.360~1.390μm)具有水汽强吸收特征，可用于云层监测。近红外 band 5 和短波红外 band 9 与 MODIS 对应的波段接近。

　　TM 和 ETM+各有一个热红外波段探测器，而 Landsat 8 上携带的 TIRS 载荷在热红外波段设计了两个波段，主要用于收集地球两个热区地带的热量流失信息，目的是了解所观测地区的水分消耗，特别是美国西部干旱地区。TM、ETM+或 TIRS 的热红外探测选择的波段是常温地物发射辐射的峰值范围(9.26~12.43μm)，并且在热红外谱段 8~14μm 的大气窗口内(表 2-14)。

表 2-14 Landsat 5 TM、Landsat 7 ETM+、Landsat 8 TIRS 热红外波段比较

Landsat 5 TM			Landsat 7 ETM+		Landsat 8 TIRS	
波段编号	波长范围（μm）	标定光谱区域	波段编号	波长范围（μm）	波段编号	波长范围（μm）
					10	10.6～11.2
6	10.4～12.5	热红外	6	10.4～12.5	11	11.5～12.5

2.7.2 SPOT 卫星部分传感器的设计及应用

SPOT 1，2 和 3 卫星搭载的传感器为高分辨率可见光成像仪 HRV（high resolution visible imaging system）；SPOT 4 搭载的传感器是 HRVIR（high resolution visible and infrared）和植被探测仪 VGT（vegetation instrument）；SPOT 5 搭载的传感器是高分辨率几何成像装置 HRG（high resolution geometric）、高分辨率立体成像装置 HRS 和 VGT；SPOT 6，7 搭载的新型 Astrosat 平台光学模块化设备空间相机 NAOMI。以 SPOT 1～7 的主要载荷为例，其波段设置和光谱效应见表 2-15。

表 2-15 SPOT 传感器的波段设置和光谱效应

SPOT 1~3 HRV			SPOT 4 HRVIR	SOPT 5 HRG	SPOT 6, 7		光谱效应
波段编号	波长范围（μm）	标定光谱区域	波长范围（μm）	波长范围（μm）	波段编号	波长范围（μm）	
					1	0.46～0.53	同 TM1
1	0.50～0.59	绿	0.50～0.59	0.50～0.59	2	0.53～0.59	同 TM2
2	0.61～0.68	红	0.61～0.68	0.61～0.68	3	0.63～0.70	同 TM3
3	0.78～0.89	近红外	0.78～0.89	0.78～0.89	4	0.76～0.89	同 TM4
		短波红外	1.58～1.75	1.58～1.75			同 TM5
Pan	0.51～0.73	全色	0.49～0.73	0.48～0.71	Pan	0.46～0.75	立体像对、高程量测

由于大气散射对蓝光波段衰减较大，致使蓝光波段成像质量不稳定，所以，SPOT 高分辨率传感器没有设计蓝光波段的探测。除此之外，其他波段的设计基本与 TM 传感器的波段范围和光谱效应一致。

2.7.3 MODIS 的设计及应用

中等分辨率成像光谱仪 MODIS（moderate resolution imaging spectroradiometer）在可见光和红外波段设计了 36 个波段进行探测，其中 21 个位于 0.4～3.0μm，15 个位于 3.0～14.5μm（https：//aqua.nasa.gov/modis）。MODIS 的光谱设计及效应具体参见推荐阅读 2。

✛ 推荐阅读

推荐阅读 1：温度

导读：电磁辐射与温度关系紧密。本部分内容介绍了温度的表示方法、温度相关的不同概念及其相互关系。

温度是物质分子热运动平均动能的度量，描述了物质内部分子热运动的剧烈程度，即物体相对冷暖的一种度量。常用的温度表示方法有：华氏温标（℉）、摄氏温标（℃）、开氏温度（绝对温标，K）。3 种温标之间的相互转换公式为：$℉ = (9/5)℃ ± 35℃$；$℃ = 9/5(℉ - 32)$；$K = ℃ + 273$。温度可细分为真实温度、辐射温度、亮度温度。

真实温度即动力学温度（kinetic temperature，T_{kin}）或热力学温度（thermo-dynamic temperature）。它是物质内部分子的平均热能，是物体分子不规则运动的平均传递能量的一种"内部"表现形式。传统测量法是通过仪器直接放置到被测物体上或埋于物体中来获得。

辐射温度（radiant temperature，T_{rad}）又称为表观温度（apparent temperature）。物体辐射能量是物体能量状态的一种"外部"表现形式。辐射温度可用热遥感器通过测量地面物质的辐射能量来探测，即辐射测温。设有一物体的真实温度为 T_{kin}，发射率为 ε，辐射出射度为 $M(T_{kin})$。当该物体的辐射出射度与某一温度的黑体辐射出射度相等时，这个黑体的温度（T_{0kin}）就称为该物体的辐射温度 T_{rad}。

物体的真实温度与辐射温度的关系推导如下：

$$M(T_{kin}) = M_0(T_{0kin})$$

即

$$\varepsilon\sigma T_{kin}^4 = \varepsilon\sigma T_{0kin}^4$$

$$T_{kin} = T_{0kin}/\varepsilon^{1/4}$$

$$T_{kin} = T_{rad}/\varepsilon^{1/4}$$

亮度温度（brightness temperature，T_b）是指当一个物体与某一黑体的辐射亮度相等时，该黑体的温度就被称为该物体的"亮度温度"，也称等效温度，即辐射出于观测物体相等辐射能量的黑体温度。

设有一个物体的真实温度为 T_{kin}，光谱发射率为 $\varepsilon_\lambda(T_{kin})$，光谱辐射亮度为 $L_\lambda(T_{kin})$。当该物体的光谱辐射亮度与某一温度（T_{0kin}）黑体的光谱辐射亮度相等时，这个黑体的温度就称为该物体的亮温度 T_b。

由 $L_\lambda(T_{kin}) = L_{\lambda 0}(T_{0kin})$ 和 $M_\lambda(T_{kin}) = L_\lambda(T_{kin}) \cdot \pi$ 得

$$M_\lambda(T_{kin}) = M_{0\lambda}(T_{0kin})$$

$$\varepsilon\sigma T_{kin}^4 = \sigma T_{0kin}^4$$

$$T_{kin} = T_{0kin}/\varepsilon^{1/4}$$

即

$$T_{kin} = T_b/\varepsilon^{1/4}$$

3 种温度之间的关系如下：

①热遥感器记录的辐射温度 T_{rad} 与物体的真实温度 T_{kin} 之间的关系：根据斯蒂芬—玻耳兹曼定律及基尔霍夫定律，对于真实物体，$M = \varepsilon\sigma T_{kin}^4$，$\sigma T_b^4 = \varepsilon\sigma T_{kin}^4$，$T_b = \varepsilon^{1/4} T_{kin}$，$\varepsilon \in [0, 1]$，即物体的辐射温度与真实温度之间的关系。由此可见，对任何给定物体，热遥感器记录的辐射温度小于物体的真实温度。需要说明的是，热红外传感器探测的是地表物体表面（约 $50\mu m$）的辐射，可能标志也可能并不标志物体的真实温度（表 2-16）。

②亮度温度与辐射温度（表观温度）在数值上是一致的，其物理意义更加严格。在微波遥感中常用亮度温度，红外遥感中多用辐射温度。

37

③要从热红外遥感数据反演地表真实温度是相当复杂的，是目前热红外研究的热点，是一个亟待解决的科学难题。

表2-16　4种典型物质的动力学温度与辐射温度

物质	发射率 ε	动力学温度 T_{kin}		辐射温度 $T_{rad} = \varepsilon^{1/4} T_{kin}$	
		K	℃	K	℃
黑体	1.00	300	27	300.0	27.0
植被	0.98	300	27	298.5	25.5
湿土	0.95	300	27	296.2	23.2
干土	0.92	300	27	293.8	20.8

注：引自利拉桑德《遥感与图像解译》(第7版)，2016。

推荐阅读2：MODIS波段设计及光谱效应

导读：中等分辨率成像光谱仪MODIS搭载在Terra、Auqa等卫星平台上，获取从可见光到近红外、中红外、远红外的36个波段的反射、发射电磁波信息，并且进一步衍生出44种遥感数据产品，在资源与环境遥感探测领域得到了广泛的应用。表2-17呈现了其波段设计及光谱效应。

表2-17　MODIS波段设计及光谱效应

波段编号	波段范围(nm)	光谱效应
1	620~670	植物叶绿素吸收
2	841~876	云和植物、土地覆盖
3	459~470	土壤、植被差异
4	545~565	绿色植物
5	1 230~1 250	叶面/冠层差异
6	1 628~1 652	云/雪差异
7	2 105~2 135	土地和云特性
8	405~420	海洋水色和浮游生物
9	438~448	
10	483~493	
11	526~536	
12	546~556	海洋水色、沉积物
13	662~672	沉积物、大气
14	673~683	叶绿素荧光
15	743~753	气溶胶特性
16	862~877	气溶胶/大气特性

（续）

波段编号	波段范围(nm)	光谱效应
17	890~920	云/大气特性
18	931~941	
19	915~965	
20	3 660~3 840	海面温度
21	3 929~3 989	林火/火山
22	3 929~3 989	云/地表温度
23	4 020~4 080	
24	4 433~4 498	大气温度/云
25	4 482~4 549	
26	1 360~1 390	卷云、气溶胶
27	6 353~6 895	大气湿度
28	7 175~7 475	
29	8 400~8 700	表面温度
30	9 580~9 880	臭氧总量
31	10 780~11 280	云/表面温度
32	11 770~12 270	云顶高度/表面温度
33	13 185~13 485	云顶高度
34	13 485~13 785	
35	13 785~14 085	
36	14 085~14 385	

思考题

1. 什么是电磁波谱？可以划分为哪些波段？各种波段在遥感中的应用现状如何？

2. 试述辐射能量、辐射通量、辐射通量密度、辐照度、辐射出射度、辐射亮度之间的关联。

3. 什么是黑体？黑体辐射遵循什么规律？

4. 用 MATLAB、IDL、Excel 等工具，根据普朗克公式作出黑体辐射曲线图。

5. 若将地球和太阳近似看作黑体，试比较地球和太阳在远红外波段的辐射出射度大小，并说明依据。

6. 太阳表面的辐射出射度 $M=6.284\times10^7\mathrm{W/m^2}$，如果把太阳看作黑体，求其表面温度，并求太阳波谱中的峰值波长 $\lambda_{\max}$。

7. 计算黑体在不同温度 T 所对应的 $\lambda_{\max}$，填入表 2-18。

表 2-18　黑体温度与对应的 $\lambda_{\max}$

$T(\mathrm{K})$	300	600	800	1 000	2 000	3 000	4 000	5 000	6 000	7 000	8 000
$\lambda_{\max}(\mu\mathrm{m})$											

8. 假设恒星表面的辐射遵循黑体辐射规律，如果测得太阳辐射波谱的 $\lambda_{\max}=0.51\mu\mathrm{m}$，北极星的 $\lambda_{\max}=0.35\mu\mathrm{m}$，计算太阳和北极星的表面温度及辐射出射度。

9. 已知日地平均距离为 1 个天文单位(约 $1.5\times10^{11}\mathrm{m}$)，太阳的线半径约为 $6.96\times10^{5}\mathrm{km}$，太阳常数 $I_{\odot}=1.360\times10^{3}\mathrm{W/m^{2}}$。计算太阳的总辐射通量 E 以及表面辐射出射度 $M_{\odot}$。

10. 基尔霍夫定律阐述了什么内容？

11. 自己设计一个图，将四类辐射体(依据发射率的大小及其与波长的关系)表示出来。

12. 将已氧化的铜看作比辐射率为 0.7 的灰体，当其表面温度为 1 000K，求它的总辐射出射度。

13. 大气对辐射的衰减作用有哪些？说明为什么微波具有穿云透雾的能力。

14. 什么是太阳常数？什么是大气窗口？大气窗口对于遥感探测有什么意义？大气窗口和常用的卫星遥感传感器波段有什么关系？

15. 简述被动遥感辐射来源的分段特性。

16. 热红外遥感的波段选择要考虑哪些方面的因素？热红外遥感主要应用于哪些方面？

17. 图示并说明在可见光—近红外波段绿色植被、水体、土壤、岩石的地物反射波谱特征。

参考文献

李小文, 2008. 遥感原理与应用[M]. 北京：科学出版社.

利拉桑德, 2016. 遥感与图像解译 [M]. 7 版. 彭望琭, 等译. 北京：电子工业出版社.

梅安新, 2001. 遥感导论[M]. 北京：高等教育出版社.

仇肇悦, 1995. 遥感应用技术[M]. 武汉：武汉测绘科技大学出版社.

日本遥感研究会, 2011. 遥感精解[M]. 刘勇卫, 等译. 北京：测绘出版社.

吴静, 2018. 遥感数字图像处理[M]. 北京：中国林业出版社.

肖温格特, 2010. 遥感图像处理模型与方法[M]. 3 版. 微波成像技术国家重点实验室, 译. 北京：电子工业出版社.

徐希孺, 2005. 遥感物理[M]. 北京：北京大学出版社.

赵英时, 2013. 遥感应用分析原理与方法[M]. 2 版. 北京：科学出版社.

朱文泉, 2015. 遥感数字图像处理——原理与方法[M]. 北京：高等教育出版社.

Irons J R, Dwyer J L, Barsi J A, 2012. The next Landsat satellite：The Landsat data continuity mission[J]. Remote Sensing of Environment, (122)：11-21.

Thenkabai P S, 2016. Remote sensing handbook [M]. Boca Raton：CRC Press.

第3章
遥感数据的获取及图像特征

    遥感信息的获取是由遥感平台和传感器协同完成的。本章主要介绍遥感数据获取过程中的两种重要工具：遥感平台和传感器，以及由搭载在平台上的传感器获取的各种遥感图像的特征。传感器和平台的发展是遥感发展的重要推动力。传感器的发展促使遥感对电磁波的探测波段越分越细，从单波段到多波段再到高光谱；使电磁波的利用范围越来越广，从可见光到近红外再到微波；对地探测的空间分辨率越来越高，从数十千米到亚米级。平台的发展促使遥感从地面、航空、航天三种高度进行不同时空尺度的对地观测。对于遥感用户来说，熟知各种遥感图像的特征，是选择和利用遥感数据的基础。

3.1　遥感平台

    遥感平台(platform)是搭载传感器的工具，可分为航天平台、航空平台、地面平台。地面平台：车、船、塔等，一般离地0~50m；航空平台：低、中、高空飞机，气球等，一般离地数十米到十几千米；航天平台：航天飞机，卫星等，一般离地高度150~36 000km。其中，航天平台中的卫星因其延续性好、稳定、能定期重复观测等优点而广泛应用。从1972年美国发射第一颗专门的遥感卫星(地球资源技术卫星ERTS-1，后改称为Landsat)以来，各国、各地区竞相发射了各种遥感卫星来获取对地观测数据。

3.1.1　遥感卫星

    代表性的国外民用卫星有：美国陆地Landsat系列、IKONOS系列、QuickBird系列、WorldView系列、GeoEye系列；加拿大RadarSat系列；法国SPOT系列、Pleiades系列；欧空局ERS系列、ENVISAT系列、Sentinel系列；德国RapidEye系列、Terra SAR-X系列；意大利COSMO-SkyMed系列；以色列EROS系列；日本的ALOS系列(ALOS-2)；印度P系列等。

    我国对地观测数据，尤其高空间分辨率数据需求巨大，历经几十年的发展，也发射了很多卫星，主要包括资源卫星系列、环境减灾系列、海洋卫星系列、气象卫星系列、高分系列等。

3.1.1.1 Landsat 系列卫星

Landsat 系列卫星是全球首次以地球资源为探测对象而专门发射的遥感卫星，开启了卫星遥感的时代，对全球遥感事业的发展具有里程碑意义。Landsat 系列卫星由 NASA（美国国家航空航天局）发射，其数据主要应用于陆地资源探测、环境监测，是利用最为广泛的地球观测数据。自 1972 年 7 月 23 日以来，Landsat 系列共发射了 8 颗星（第 6 颗星发射失败），目前仍在轨运行的是 Landsat 7 和 Landsat 8（表 3-1，表 3-2）。

表 3-1 Landsat 系列卫星

卫星名称	发射时间	在轨时间
Landsat 1	1972 年 7 月	1972—1978
Landsat 2	1975 年 1 月	1975—1982
Landsat 3	1978 年 3 月	1978—1983
Landsat 4	1982 年 7 月	1982—2001
Landsat 5	1984 年 3 月	1984—2013
Landsat 6	1993 年 10 月发射失败	—
Landsat 7	1999 年 4 月	1999—
Landsat 8	2013 年 2 月	2013—

注：引自吴静《遥感数字图像处理》，2018。

表 3-2 陆地卫星轨道参数

卫星名称	轨道高度（km）	扫描带宽度（km）	覆盖周期（d）	搭载传感器	轨道类型
Landsat 5	705	185	16	MSS, TM	近圆形、近极地、太阳同步
Landsat 7	705	185	16	ETM+	近圆形、近极地、太阳同步
Landsat 8	705	185	16	OLI、TIRS	近圆形、近极地、太阳同步

注：引自吴静《遥感数字图像处理》，2018。

3.1.1.2 SPOT 系列卫星

SPOT（地球观测系统）系列卫星由法国空间研究中心（CNES）研制，自 1986 年 2 月 22 日以来，SPOT 系列共发射了 7 颗星（表 3-3），目前仍在轨运行的是 SPOT 6 和 SPOT 7。

SPOT 卫星在轨道设计、飞行平台和传感器等方面都有独到之处。SPOT 系列卫星搭载的传感器具有倾斜（侧视）能力，可以获取相邻轨道的地表信息，使影像重叠率达 60%，构成"立体像对"，在绘制基本地形图和专题图方面有更广泛的应用。SPOT 系列卫星通过

表 3-3　SPOT 系列卫星

卫星名称、编号	发射时间	在轨时间
SPOT 1	1986 年 2 月	1986—2003
SPOT 2	1990 年 1 月	1990—2009
SPOT 3	1993 年 9 月	1993—1996
SPOT 4	1998 年 3 月	1998—2013
SPOT 5	2002 年 5 月	2002—2015
SPOT 6	2012 年 9 月	2012—
SPOT 7	2014 年 6 月	2014—

注：数据来源于 http：//www.spotimage.com。

传感器轨道间的侧视功能可以缩短信息获取的重复周期，一般地区 3~5d 可获取重复观测，远低于卫星的覆盖周期，从而大大提高了信息的时效性(表 3-4)。

表 3-4　SPOT 卫星轨道参数

卫星名称	轨道高度(km)	扫描带宽度(km)	覆盖周期(d)	搭载传感器	轨道类型
SPOT 5	832	60	26	HRG，VGT，HRS	近圆形、近极地、太阳同步
SPOT 6	695	60	26	NAOMI	近圆形、近极地、太阳同步
SPOT 7	695	60	26	NAOMI	近圆形、近极地、太阳同步

注：数据来源于 https：//www.geoimage.com.au/satellite/spot6。

　　SPOT 6 和 SPOT 7 这两颗卫星每天的图像获取能力达到 $600 \times 10^4 km^2$，面积大于欧盟成员国的总面积。这两颗卫星预计将工作到 2024 年。根据用户需求可对 SPOT 7 进行灵活编程，具备每天执行 6 个编程计划的能力。SPOT 7 具备多种成像模式，包括长条带、大区域、多点目标、双图立体和三图立体等，适于制作 1：25 000 比例尺的地图。SPOT 6 和 SPOT 7 与两颗昴宿星(Pleiades 1A 和 1B)组成四星星座，这 4 颗卫星同处一个轨道平面，彼此之间相隔 90°。该星座具备每日两次的重访能力，由 SPOT 系列卫星提供大幅宽普查图像，Pleiades 针对特定目标区域提供 0.5m 的详查图像。

3.1.1.3　EOS 计划卫星

　　为了深入调查和研究全球环境变化、全球气候变化和自然灾害增多等全球性问题，自 1991 年起，美国国家航空航天局(NASA)正式启动了将地球作为一个整体环境系统进行综合观测的地球观测系统(EOS)计划。

　　1999 年 12 月，上午卫星 EOS-AM-1 发射成功，命名为"Terra"，源自希腊文"大地母亲"的意思。对太阳辐射、大气、海洋和陆地进行综合观测，获取有关海洋、陆地、冰雪圈和太阳动力系统等信息，进行土地利用和土地覆盖研究、气候季节和年际变化研究、自然灾害监测和分析研究、长期气候变率和变化研究，以及大气臭氧变化研究等，实现对地球环境变化的长期观测和研究(http：//terra. nasa. gov)。下午卫星(EOS-Aqua)于 2002 年 5 月 2 日成功发射，过境时间为下午 14:30 和凌晨 2:30。Aqua 拉丁语的意思是"水"，主要使命是研究地球水循环，它的观测结果有望增进科学家对全球气候变化的了解，并可用来进行更准确的天气预报(http：//aqua. nasa. gov)(表3-5)。

表 3-5　EOS 计划卫星参数

参　数	Terra 卫星	Aqua 卫星
发射时间	1999 年 12 月	2002 年 5 月
轨道高度(km)	705	705
过境时间	10:30AM(降轨)	13:30PM(降轨)
地面重复周期(d)	16	16
搭载的传感器	MODIS, MISR, CERES, MOPITT, ASTER	MODIS, AIRS, AMSU-A, CERES, HSB, AMSR-E

　　Terra 在云量最少的时候过境，主要对地球的生态系统进行观测，而 Aqua 在云最多的时候过境，主要对地球的水循环系统进行观测。Terra 和 Aqua 卫星两颗星相互配合每 1~2d 可重复观测整个地球表面，得到 36 个波段的观测数据，在发展有效的、全球性的、用于预测全球变化的地球系统相互作用模型中起着重要的作用，其精确的预测有助于决策者制定与环境保护相关的重大决策。

　　中等分辨率成像光谱仪 MODIS(moderate-resolution imaging spectroradiometer)是两颗卫星上都搭载的传感器，其数据产品在科研、生产中广泛应用。

3.1.1.4　商用小卫星

　　美国的卫星商业应用是相当开放的，DigitalGlobe、GeoEye 等商业卫星公司所出售的高分辨率遥感影像打破了军用侦察卫星的垄断，大大改变了普通公众对地球的认识，也提升了各国科学研究、测绘制图、土地管理等多个部门的工作效率。民用高分辨率(小于 4m)卫星系统时代始于 1999 年。高分辨率数据的商业市场非常广阔，其运营商大多都是商业公司。最早发射的商业小卫星有美国的 IKONOS、QuickBird、OrbView-3 和以色列的 EROS-A。

3.1.1.5　中国高分系列遥感卫星

　　2013 年 4 月 26 日，中国高分辨率对地观测系统的第一颗卫星——高分一号在酒泉卫星发射中心由长征二号丁运载火箭成功发射，标志着我国遥感卫星进入高分辨率时代。高分系列计划研制和发射多颗对地观测卫星，覆盖从全色、多光谱到高光谱，从光学到雷达，从太阳同步轨道到地球同步轨道等多种类型，构成一个具有高空间分辨率、高时间分辨率和高光谱分辨率能力的对地观测系统（表 3-6）。

表 3-6　高分系列卫星发射情况

卫星名称	发射时间	传　感　器
GF-1	2013 年 4 月	2m 全色；8m 多光谱；16m 宽幅多光谱相机
GF-2	2014 年 8 月	1m 全色；4m 多光谱相机
GF-3	2016 年 8 月	1m C-SAR 合成孔径雷达
GF-4	2015 年 12 月	50m 地球同步凝视相机
GF-5	2018 年 5 月	6 台先进有效载荷，观测谱段覆盖紫外至红外，实现大气和陆地综合高光谱观测
GF-6	2018 年 6 月	载荷与 GF-1 相似
GF-7	2019 年 11 月	线线阵立体测绘相机（0.8m 全色立体影像和 3.2m 多光谱影像）；两波束激光测高仪
GF-8	2015 年 6 月	光学遥感
GF-9	2015 年 9 月	光学遥感，亚米级分辨率
GF-10	2019 年 10 月	微波遥感，亚米级分辨率
GF-11	2018 年 7 月	光学遥感，亚米级分辨率
GF-12	2019 年 11 月	微波遥感，亚米级分辨率

2019 年 11 月，在澳大利亚堪培拉举行的地球观测组织（Group on Earth Observations，GEO）2019 年会议周开幕式上，中国国家航天局推出了中国国家航天局高分 16m 数据共享服务平台（GNSA-GEO 平台），发布了相关数据政策，宣布正式将中国高分 16m 数据对外开放共享。

3.1.2　遥感卫星的轨道参数

从第一颗专门的遥感卫星 Landsat 1（ETRS-1）以来，大部分以地表作为探测目标的遥感卫星，虽然轨道参数不尽相同，但其轨道类型基本是一致的，即近圆形、近极地、太阳同步轨道。陆地卫星的轨道为与太阳同步的近极地圆形轨道，以确保北半球中纬度地区获得中等太阳高度角（25°~30°）的上午成像，而且卫星以同一地方时、同一方向通过同一地点，保证遥感观测的光照条件基本一致，有利于图像的对比。例如，Landsat 4，5 轨道高度 705km，轨道倾角 98.2°，卫星由北向南运行，地球自西向东旋转，卫星每天绕地球14.5 圈，每圈在赤道西移 159km，每 16d 重复覆盖一次，穿过赤道的地方时为 9：45，覆盖地球范围 81°N~81.5°S。开普勒定律描述了卫星运行轨道的普遍规律：

①椭圆形轨道：卫星轨道为椭圆形，有近地点和远地点。

②卫星在近地点运行速度快，远地点运行速度慢。

③卫星绕地运行周期的平方与其轨道平均半径的立方呈正比。

$$C = \frac{T^2}{(R + H)^3} \tag{3-1}$$

式中　T——运行周期；

　　　R——地球平均半径；

　　　H——轨道平均高度；

　　　C——开普勒常数，取值为 $2.757\,3 \times 10^{-8}\,min^2/km^3$。

常用遥感卫星的运行周期可以从相关网站上查询。Landsat 1~4 运行周期约 103.1min，Landsat 5 和 Landsat 7 约 99min；SPOT 约 101.4min。

(1)椭圆形轨道

由开普勒定律可知，卫星在椭圆形轨道上的运行是非匀速的，而这种非匀速对于以固定扫描频率来记录地表信息的传感器来说是不利的，有可能造成图像扫描行的不衔接或重叠。此外，椭圆形轨道上不同地方所成图像的比例尺差异太大，也不利于全球范围内图像的拼接。所以，遥感卫星采用椭圆形轨道来尽可能减少上述种种成像弊端的影响。

(2)近极地轨道

升交点：卫星由南向北运行时与地球赤道面的交点称为升交点。

降交点：卫星由北向南运行时与地球赤道面的交点称为降交点。

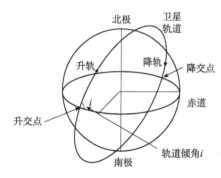

图 3-1　卫星轨道倾角示意图

轨道倾角 i：卫星轨道面与地球赤道面之间的二面角，按规定从升交点一侧顺时针量至赤道面（图 3-1）。

由轨道倾角 i 可以将轨道划分为的不同类型：极地轨道 $i = 90°$；近极地轨道 $i = 90° \pm 10°$。

极轨卫星每绕地一周都要经过地球南北两极上空。卫星的运行与地球自身的自转配合，在若干圈内可以俯视整个地表，获取的图像可以覆盖整个地表。当轨道倾角 $i = 0°$ 时，卫星在地球赤道上空绕行，只能观测到赤道附近地表状况，中高纬度区域不能进入卫

星的观测视野。可见，轨道倾角决定了卫星观测视野的范围，i 接近 90°，有利于增大观测范围。遥感卫星以地表作为观测对象，期望观测范围更加广阔，所以，多采用近极地轨道。

(3)太阳同步轨道

若卫星绕地运行周期与地球自转周期相同(即卫星绕地一圈需要 24h)，则称为地球同步轨道；若同时又有轨道倾角 $i = 0°$，则称为地球静止轨道，以地球为参照，卫星似乎静止在赤道上空某一点。静止轨道能够长期观测特定的地区，并能将大范围的区域同时收入视野，被广泛用于气象卫星、通信卫星。遥感卫星高分四号也采用了地球静止轨道，相对

于东经 110°地球赤道地区，静止在 36 000km 的上空，凝视着这一区域。与地球同步轨道相对的是太阳同步轨道，即卫星的运行轨道与太阳的入射光线总保持一个固定角度（图 3-2）。目前，大多数遥感卫星都是采用的太阳同步轨道。

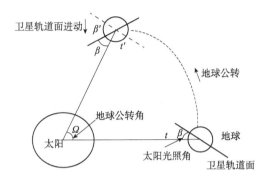

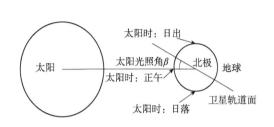

图 3-2 太阳同步轨道示意图　　　　图 3-3 光照角与光照条件、太阳时的关系

　　光照角 β：卫星轨道面与太阳至地心连线间的夹角。光照角决定了卫星对地观测时来自太阳的光照情况（图 3-3）。光照角不同的情况下，太阳高度角及太阳辐射能量等光照条件大不相同，所成的遥感图像上，即使是同一地物也会由于光照条件不同而表现出不同的光谱特征，容易产生遥感中常说的"同物异谱"和"异物同谱"现象，对于利用遥感影像来识别和区分地物是非常不利的。所以，在卫星遥感中，要尽量选择在光照角一致的情况下进行探测，以消除或减少这样的影响。

　　由于地球绕太阳公转，所以如果不加以调整，则卫星对地探测时，光照角是要发生变化的。图 3-2 中，在 t 点，光照角为 β，到了 t' 点，光照角已经不再是 β，而是 β' 了，有明显不同。那么，在卫星对地探测时要保持同样的光照角，就需要在地球围绕太阳公转的过程中，卫星轨道面绕地球自转轴做一些调整，以保持与太阳同步，具体需要怎样调整呢？

　　参见图 3-2，从 t 点到 t' 点，地球的公转角为 Ω，由平行线的同位角相等、内错角相等，可推出 $\beta'=\beta+\Omega$，显然，要使 $\beta'=\beta$，即在不同的位置，光照角一致，需要从 β' 中减去 Ω，即在地球围绕太阳公转时，卫星轨道面绕地球自转轴旋转的方向与地球公转的方向相同且角速度相等（Ω）。这就是太阳同步轨道。

　　对于卫星轨道来说，每天向东进动角度为 360°/365.256 4 日=0.985 6°/日，每绕地一周进动 0.985 6°/n 圈，n 为每天绕地圈数，$n=24\times60/T$（T 为卫星绕地周期，min）。

　　Landsat 1~5，7 的光照角设计为 37.5°，对应的平均太阳时为上午 9:42；SPOT 对地观测时间为平均太阳时上午 10:30，Terra 卫星平均太阳时上午 10:30 过境，Aqua 卫星平均太阳时下午 1:30 过境。在太阳同步轨道上，卫星于同一纬度的地点，每天在同一地方时同一方向上通过，因此，太阳光的入射角几乎是固定的，对于利用太阳反射光的被动式遥感来说具有观测光照条件固定的优点。太阳同步轨道的意义在于保证在一定的季节中获得重复的光照条件。这有助于在轨道附近镶嵌相邻影像和比较土地覆盖与其他地面条件的年度变化。

3.2 传感器

传感器是指收集和记录目标物电磁波信息的仪器，是遥感数据获取的核心仪器。从其发展历史来看，传感器的发展极大地推动了遥感的发展；从发展趋势来看，传感器的各种改进和完善代表着遥感的发展方向。

3.2.1 概述

3.2.1.1 传感器类型

根据工作波段、工作方式的不同，传感器可分为多种类型。目前，遥感中所使用的主要传感器类型如图 3-4 所示。传感器工作的主要波段见表 3-7。

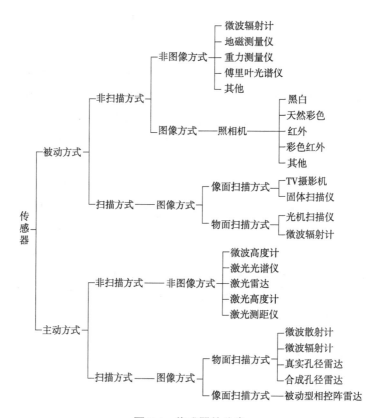

图 3-4 传感器的分类

(引自日本遥感研究会《遥感精解》, 2011)

传感器并不能直接获取地物的辐照度或辐射亮度，而是通过记录与辐射能量有关的 DN(digital number)值，再间接推算出地物的辐射亮度和反射率。以 Landsat 5 的 TM 传感器为例，由 DN 值求算各个波段辐射亮度 L 和反射率的过程如下：

表 3-7　主要传感器的工作波段

波长(μm)	传感器类型			
	紫外	可见光	红 外	微 波
		0.38　0.76	0.9　1.5　5.5　8.0　14.0	1 000
摄影机(黑白胶片)				
(彩色胶片)				
(红外胶片)				
(彩红外胶片)				
固定扫描仪(SPOT HRV)				
(热敏摄像机)				
TV 摄影机				
光机扫描仪(机载 MSS)				
(landsat TM)				
雷达				
微波				

注：引自日本遥感研究会《遥感精解》，2011。

$$L = \frac{L_{\max} - L_{\min}}{DN_{\max} - DN_{\min}} \cdot (DN - DN_{\min}) + L_{\min} \tag{3-2}$$

3.2.1.2　传感器的基本组成部件

传感器由以下基本部件组成(图 3-5)。

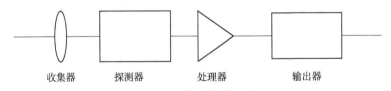

图 3-5　传感器的组成

①收集器：收集来自地物辐射的能量。具体元件包括透镜组、反射镜组等。

②探测器：将收集的辐射能转变成化学能或电能。具体元件包括感光胶片、光电管、光敏管、热敏器件等。

③处理器：对信号进行处理(如信号放大、调制、变换)，胶片显影、定影等。

④输出器：输出获取的数据，包括磁带记录仪、电视显像管、阴极射线管、扫描晒像仪等。

3.2.2　摄影成像类型传感器

摄影成像类型传感器的工作波段范围是 0.3~0.9μm，可在近紫外、可见光、近红外波段成像。摄影系统与扫描系统相比，光谱响应范围要窄得多，但空间分辨率高，几何完整性好，视场角也更大，便于人们进行较精确的测量、分析，且具有高度灵活性、实用性、成本低等优势，因而应用十分广泛。

与航空摄影系统相比，航天摄影系统平台高度大、环境条件变化大，工作温度、飞行器运行姿态、光照条件、气象条件均有所不同，大气干扰更强，精度和实用性不及航空摄影。所以，一般来说，遥感摄影系统以航空摄影为主，所获取的影像通常称为航片。

遥感用的摄影机在光学、几何学方面有较严格的条件要求（日本遥感研究会，2011）：①透镜畸变要小；②解像力要高，包括画面的边缘部分都能得到清晰的图像；③可以精密测量与光轴的位置关系；④光轴和胶片平面必须正交；⑤为了严格确保胶片的平面性，要用真空装置将胶片压紧；⑥必须以可靠的精度测量焦点距离；⑦可以连续拍摄；⑧为了使高速飞行体与地面的对地速度相符，要配有使胶片平面移动的前移补偿器。

3.2.2.1 分幅式摄影机

分幅式摄影机瞬间同时获得一幅像片的所有内容。分幅式摄影机的视场角决定了成像的地面覆盖范围。在平台高度相同的条件下，视场角越大，地面覆盖范围越大。50°~70°视场角称为常角，70°~105°为宽角，105°~135°为特宽角。

焦距决定了成像比例尺。在平台高度相同的条件下，焦距越大，比例尺越大。焦距小于100mm为短焦，100~200mm为中焦，大于200mm为长焦。一般航空摄像机的焦距在150mm左右，航天摄影机的焦距要大于300mm，甚至大于1 000mm。

分幅式摄影机的缺点是，成像时透镜中心附近部分比较清晰，像幅周围部分成像不清晰，而且变形较明显。

3.2.2.2 全景摄影机

每一瞬间只在透镜中心附近一个很小的范围成像，随着镜头垂直于飞行方向的摆动，获取一幅完整图像。

优点：每一部分成像都很清晰，而且对地观测的范围较大，可以达到"全景"的效果。

缺点：成像过程中像距不变，而物距随扫描角发生变化，导致影像各部分比例尺不一致，产生眼球状的几何畸变，被称为"全景畸变"。

3.2.2.3 多光谱摄影机

多光谱摄影、多光谱扫描是遥感探测普遍采用的重要成像手段。多光谱遥感是指对同一地区、在同一瞬间，获取多个波段的影像。采用多光谱遥感的目的，是充分利用地物在不同波段有不同的波谱特征来增加信息量，提高对影像的判读和识别能力。多光谱摄影可以利用多相机组合、单相机多镜头、单相机单镜头+分光装置来实现，当然，要配合以适当的滤光片和记录介质。多光谱遥感实现的关键是分光，即把进入收集器的电磁波分为不同波段。典型的分光元件有棱镜和衍射光栅、滤光片、分光计等。

3.2.3 扫描成像类型传感器

扫描成像依靠探测元件和扫描镜对目标地物逐点逐行地以瞬间视场为单位、以时序方式获取图像。这里所说的"点"，就是图像上的基本单元，称为像元；获取的图像不仅是空间上的二维，在波谱上有多波段的变化，还有波段维，信息量很大。

扫描成像类型传感器的工作波段很广，紫外、可见光、近红外、中红外、远红外、微波都可以扫描成像。扫描成像主要有两种方式：对物面扫描和对像面扫描。对物面进行扫描的特点是对地面直接扫描成像，如多光谱扫描仪(multispectral scanner，MSS)、专题制图仪(thematic mapper，TM)、成像光谱仪等。光机扫描是通过探测元件的机械摆动进行扫描，探测元件在每个瞬间的视场停留时间非常短，要立即测出每个瞬间视场的辐射特征，就要求探测元件的响应足够快，探测元件的积分时间短，所以信噪比较差，对可供选择的探测器有很大限制。对像面进行扫描的特点是瞬间在像面上先形成一条线甚至一幅二维影像，然后由多个固体光电转换元件对其进行扫描成像。如 HRV(high resolution visible)固体自扫描成像，应用 CCD 多元阵列探测器同时扫描，探测元件在瞬间视场的停留时间可以长一些。

下面以经典的多光谱扫描仪 MSS 为例，介绍扫描成像仪的工作过程。

多光谱扫描仪 MSS 利用旋转扫描镜对与平台行进方向垂直的地面进行扫描，并结合平台的行进，获得空间上的二维遥感数据。扫描反射镜随卫星的前进而摆动，收集地面辐射能量，经过聚光系统聚集到焦平面的成像板，成像板分波段将接收的能量传递到探测器上，探测器将辐射能转变为电信号记录下来形成图像。MSS 主要组成部分如图 3-6 所示。

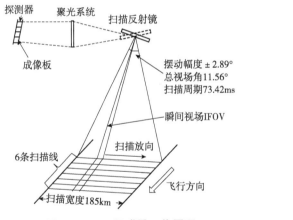

图 3-6　MSS 组成及工作原理

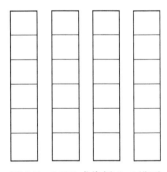

图 3-7　MSS 成像板 4×6 排列

扫描反射镜：静止时的视场角结合扫描反射镜上下摆动的角度(±2.89°)，传感器总体的视场角为 11.56°；扫描反射镜摆动周期为 73.42ms。扫描反射镜的作用是将视场范围内地物的辐射能量收集进入传感器。

聚光系统：其作用是将进入传感器的辐射能量聚集到焦平面上。

成像板：在焦平面放置了 24 个玻璃纤维元组成的成像板。排列方式为 4×6(图 3-7)。成像板的作用是将辐射能量分波段接收下来，并且通过每个纤维元后面的光学纤维将能量传递到探测器。

探测器：其作用是将辐射能量变成电信号输出，信号经过处理之后被记录下来或发送至地面。探测器的数量与成像板的纤维元数量相同，两者一一对应。

视场角(field of view，FOV)：传感器整体的观测视野，从平台到地面扫描带外侧所构成的夹角，也是整个传感器能够受光的角度，与视场角相当的、能观测到的地面宽度称为扫描宽度。已知传感器的视场角和平台高度，可以算出传感器的扫描宽度(Swath)。对Landsat 1，轨道高度915km，FOV=11.56°，扫描宽度为185.239 3km。

$$Swath = 2H \cdot \tan\frac{FOV}{2} \qquad (3-3)$$

瞬间视场角(instantaneous field of view，IFOV)：扫描反射镜在某一瞬间可视为静止状态，此时，接收的目标物电磁波信息被限制在一个很小的角度，称为瞬间视场角，其可视为单个探测元件对地面张开的角度。一个IFOV内的信息表示为一个像元，瞬间视场对应于图像的单个像元。

已知传感器的瞬间视场角和平台高度，可以计算出像元的尺寸(Pixel)。对于Landsat 1，轨道高度915km，IFOV=8.6×10⁻⁵rad，像元地面尺寸为78.69m。

$$Pixel = 2H \cdot \tan\frac{IFOV}{2} \qquad (3-4)$$

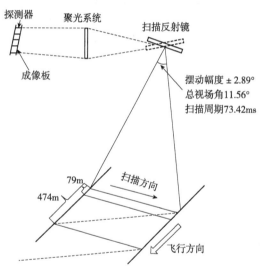

图3-8 MSS工作参数与扫描线的设计

成像板玻璃纤维元的排列方式：24个纤维元排列成4(扫描方向)×6(飞行方向)，4代表4个波段，那么6代表什么呢？扫描反射镜的扫描周期为73.42ms，卫星运行的地速为6.45km/s。在扫描周期内卫星向前移动了地面距离474m(图3-8)，如果采用一条扫描线，扫描线的宽度只有79m，就不能覆盖卫星飞过的地面范围，所以，需要多条扫描线同时工作，完成对地面的全覆盖。需要几条呢？474m÷79m=6条。这就是飞行方向上6的含义，即6条扫描线同时工作。

探测元件的材料：探测分光后的电磁波并将其转变成电信号的元件称为探测元件。在多光谱遥感中，各波段的电磁波是用不同的探测元件探测的。探测元件可分为利用光电发射、利用光激发载流子、利用热效应三类。利用光电发射的元件有光电管、光电倍增管，主要用于紫外光区到可见光区；利用光激发载流子的元件有光电二极管、光电晶体管、光电导管等，用于可见光区到红外光区；利用热效应的元件有热电偶探测器、热释电探测器，用于热红外光区。遥感中广泛采用的光探测元件，在可见光区、近红外光区为SiPd(钯化硅)，在短波红外光区为PtSi(硅化铂)、InSb(锑化铟)，在热红外光区为HgCdTe(碲镉汞)。探测元件的选择应根据目标地物特征和大气透过程度来确定。一般地物常温下辐射峰值约10μm，探测器的响应波长可选8~14μm；高温地物，如火灾，温度约800K，辐射峰值波长约3.5μm，探测器响应波长应

选 3~5μm。探测地物的反射辐射主要位于可见光到近红外波段，探测器响应波长应选
0.3~3μm 左右。常用的主要探测元件见表 3-8。

表 3-8　扫描成像常用的探测元件

探测元件	响应波长（μm）	工作温度（K）
光电倍增管	0.40~0.75	
硅光二极管	0.53~1.09	
锗光二极管	1.12~1.73	
锑化铟（InSb）	2.10~4.75	77
碲镉汞（HgCdTe）	3~5，8~14	室温，77
硫化铅（PbS）	2~6	室温
锗掺汞	8.0~13.5	77

注：引自梅安新《遥感导论》，2001。

Landsat 系列卫星上搭载多种载荷，如反束光导摄影机（RBV）、多光谱扫描仪（MSS）、
专题制图仪（TM）、增强型专题制图仪（ETM+）、陆地成像仪（OLI）和热红外传感器（TIRS）
等。部分传感器参数及波段效应见表 3-9。

表 3-9　陆地卫星系列传感器参数及波段

传感器名称	卫星名称	探测波段（μm）	空间分辨率（m）
MSS	Landsat 1~5	0.50~0.60	79
		0.60~0.70	79
		0.70~0.80	79
		0.80~1.10	79
TM	Landsat 4，5	0.45~0.52	30
		0.52~0.60	30
		0.63~0.69	30
		0.76~0.90	30
		1.55~1.75	30
		10.4~12.5	120
		2.08~2.35	30
ETM+	Landsat 7	同 TM 的 7 个波段范围	30（热红外波段为 60m）
		0.50~0.90	15

（续）

传感器名称	卫星名称	探测波段（μm）	空间分辨率（m）
OLI	Landsat 8	0.433~0.453	30
		0.450~0.515	30
		0.525~0.600	30
		0.630~0.680	30
		0.845~0.885	30
		1.560~1.660	30
		2.100~2.300	30
		0.500~0.680	15
		1.360~1.390	30
TIRS		10.6~11.2	100
		11.5~12.5	100

3.3 遥感图像的特征

搭载在不同平台上的不同类型的传感器，收集到来自地物的电磁波信息，并将这些信息记录在介质上，形成遥感图像。传感器有不同的性能和设计，遥感平台也有不同的轨道参数和运行参数，因此，不同的平台和传感器组合所获取的遥感图像有不同的特征。也就是说，遥感图像的特征与成像方式有关，也与平台的参数有关。对用户来说，熟悉各种遥感图像的特征是对其采用不同方法进行处理的基础。

3.3.1 摄影像片的特征

3.3.1.1 投影性质

（1）中心投影

摄影成像方式采用中心投影，即地面上各种地物点的投影光线都通过固定点（投影中心 S）投射到投影面上成像。根据摄影主光轴（过投影中心垂直于底片平面的直线）与主垂线（过投影中心的铅垂线）之间的夹角（像片倾角 α），中心投影可分为两种：垂直中心投影（$\alpha=0°$）和倾斜中心投影（$\alpha \neq 0°$）。

图 3-9 左面是垂直中心投影示意，主垂线 nN 与摄影主光轴 oO 重合，像片倾角$\alpha=0°$；图的右面是倾斜中心投影示意，主垂线 nN 与摄影主光轴 $o'O'$ 不重合，像片倾角$\alpha>0°$。

传统的遥感一般采用垂直中心投影，但由于飞机的飞行姿态不一定很稳定，像片倾角不可避免有大于 $0°$ 的时候，但只要 $\alpha \leqslant 3°$，都是被认可的，即近似垂直中心投影。

像主点 o：摄影主光轴与像片平面的交点。

地主点 O：像主点对应的地面点。

像底点 n：主垂线与像片平面的交点。

地底点 N：像底点对应的地面点。

在垂直中心投影的情况下，像主点与像底点重合。

（2）中心投影的影响因素

地图采用正射投影，航片采用中心投影。与正射投影相比，中心投影受到以下因素的影响：

①投影距离：投影距离即遥感平台的高度。当平台高度改变时，航片的比例尺随之发生变化。

$$1/m=f/H \tag{3-5}$$

$$1/m'=f/H' \tag{3-6}$$

当 $H' \neq H$ 时，比例尺：

$$1/m' \neq 1/m \tag{3-7}$$

式中，f 代表摄影仪的焦距；H 和 H' 分别代表不同的平台高度；m 和 m' 分别代表不同的比例尺 R 分母。

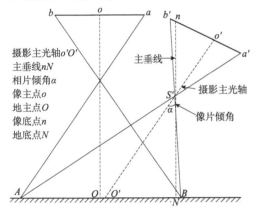

图 3-9　垂直中心投影与倾斜中心投影

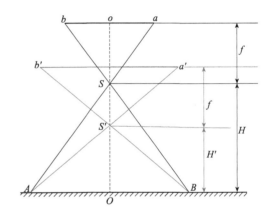

图 3-10　中心投影受投影距离的影响

平台高度发生变化，像片比例尺也发生相应变化（图 3-10）。

②投影面倾斜：投影面倾斜时，像点发生位移，航片比例尺处处不一致（图 3-11）。

$$ca/CA=cb/CB \tag{3-8}$$

$$c'a/CA \neq c'b'/CB \tag{3-9}$$

像片倾斜后，比例尺处处不一致（图3-11）。投影面的倾斜使像点发生位移，图像变形，产生误差，这种位移称为倾斜误差。

③地形起伏：当地面不是水平状态时，像点发生位移，产生误差，这种位移称为投影误差。地形起伏（A 与 A_0 高差 h_a），像点发生偏移（图 3-12），偏移量 $\delta = aa_0$。

综上所述，由于中心投影受到各种因素的影响，图像易发生变形，所以，航片并不能像地图那样，不经处理直接供量测使用。必须要经过误差控制、消除，才能进行后续使用。通常，航摄过程中为了减少误差，通过控制平台高度（尽量使作业过程中平台高度不发生变化或变化较小）、限制投影面倾斜的程度（近似垂直中心投影，要求像片倾角 $\alpha \leqslant 3°$）来减少前两种因素对成像的影响。但是，地形起伏不是人为可控的，所以，有必要进一步研究投影误差的规律。

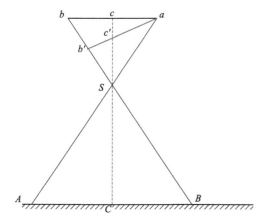

图 3-11　中心投影受投影面倾斜的影响

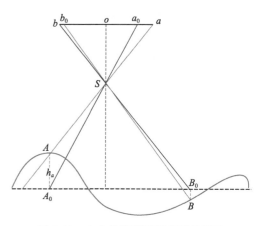

图 3-12　中心投影受地形起伏的影响

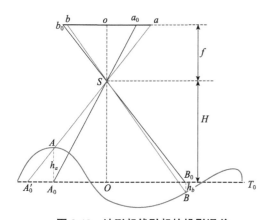

图 3-13　地形起伏引起的投影误差

（3）投影误差的规律

如图 3-13 所示，通过两次三角形相似推导出：

$$\because \triangle Saa_0 \sim \triangle SA_0'A_0$$
$$\therefore aa_0/A_0'A_0 = f/H$$
$$\because \triangle A\,A_0'A_0 \sim \triangle Soa$$
$$\therefore A_0'A_0/oa = h_a/f$$
$$\therefore A_0'A_0 = h_a \cdot oa/f$$
$$\therefore aa_0 = h_a \cdot oa/H$$

设　　　　　　$\delta = aa_0$，$r = oa$，$h = h_a$

$$\delta = hr/H \tag{3-10}$$

式中　δ——投影误差，$\delta = aa_0$；

h——地面高差，$h = AA_0$；

r——像点到像主点的图像距离，$r = oa$；

H——平台高度。

投影误差与 h 呈正比，说明地面起伏越大，投影误差越大，$h = 0$，$\delta = 0$；δ 与 r 呈正比，说明像片边缘部分投影误差大，$r = 0$，$\delta = 0$，在像主点，投影误差为零；δ 与 H 呈反比，说明平台高度越大，投影误差越小。

（4）投影误差的方向

δ 与 h 符号一致，即 $h > 0$，$\delta > 0$，正地形的像点背离像主点向像片边缘方向移动；$h < 0$，$\delta < 0$，负地形的像点朝向像主点向像片中心方向移动。位于像主点的物体，仅见其顶部；位于像片其他部分的物体可以见其顶部和边部。

3.3.1.2　航片比例尺

像片上两点之间距离与地面上相应两点实际距离之比被称为像片的比例尺。一般情况下，航片反映地物的详细程度主要取决于比例尺。由于航片是中心投影，所以航片的比例尺受到各种因素影响而有不同的变化。可以总结为两种情况。

①当地面平坦且像片水平时，航片比例尺处处一致，这时，一张航片有统一的比例尺，并且可以通过航摄仪焦距 f 和平台高度 H 求出比例尺 $1/m$。

$$1/M = f/H \tag{3-11}$$

②当地形起伏或像片倾斜时，航片比例尺处处不一致，由 f 和 H 算出的比例尺只是航片的平均比例尺。

3.3.1.3　航片的重叠度

航片重叠意味着在相隔一定距离的不同位置拍摄同一目标，存在视差可以构成立体像对，进一步获得三维立体模型。航片重叠度是指相邻航片的重叠程度，用重叠部分的长度与像片边长之比计算。航片重叠度包括航向重叠度和旁向重叠度(图 3-14)。

同一条航线上相邻两张航片称为一个像对。航向重叠度是一个像对之间的重叠度，一般要求大于 60%，不能小于 53%，可用于立体测量；旁向重叠度是指相邻两条航线上相邻航片的重叠度，一般要求大于 30%，不能小于 15%，以便于图像拼接。

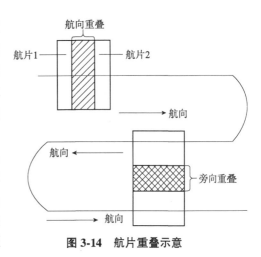

图 3-14　航片重叠示意

3.3.1.4　反差和反差系数

反差是指遥感影像明亮部分与阴暗部分的亮度差异，包括景物反差和影像反差。反差系数 γ 影像反差与景物反差之比。$\gamma=1$，说明影像可以真实反映景物的亮度差异；$\gamma>1$，说明影像增大了景物的亮度差异；$\gamma<1$，说明影像减小了景物的亮度差异。相应地，感光材料可以由其反差系数划分为软性($\gamma<1$)、中性($1.1 \leqslant \gamma \leqslant 1.5$)、硬性($1.6 \leqslant \gamma \leqslant 2.0$)和超硬性($\gamma>2.0$)。

3.3.1.5　航片的分辨率

空间分辨率表征获取、传输或显示图像细节的能力。航片分辨率通常指在航片上能够辨别和区分相邻物体的能力，包括影像分辨率和地面分辨率。

(1)影像分辨率

影像分辨率又称系统分辨率，主要取决于摄影机物镜 R_0 和胶片的分辨能力。

$$\frac{1}{R_s} = \frac{1}{R_0} + \frac{1}{R_n} \tag{3-12}$$

式中　R_s——系统分辨率；

R_0——物镜分辨率，中心部分高，边缘部分低；

R_n——胶片分辨率，溴化银（AgBr）颗粒大则分辨率低。

影像分辨率常用像片上一定距离内（如1mm）能够分辨出的线条或黑白线对数量来表示。$R_s = 60$线/mm 或 $R_s = 30$线对/mm，表示1mm中能分辨出60条线，也就是说能分辨的线条宽度为0.008mm。

（2）地面分辨率

地面分辨率指在图像上能够分辨出的最小地物的实际尺寸。

$$D = \frac{1}{R_s} \cdot M \qquad (3\text{-}13)$$

式中　D——地面分辨力；

　　　R_s——影像分辨率；

　　　M——航片比例尺的分母。

若 $R_s = 20$ 线/mm，$1:M = 1:30\,000$，则 $D = 1.5$m。

3.3.2　扫描影像的特征

3.3.2.1　投影性质

扫描影像的每个 IFOV 相当于框幅式摄影的单幅像片，整体扫描影像可以说是多中心投影。

3.3.2.2　重叠度

卫星影像也有两种重叠：航向重叠和旁向重叠。

航向重叠是指同一条轨道上相邻两张影像之间的重叠，一般是规定好的值。例如，TM图像的航向重叠大约9%，MSS图像的航向重叠约5%。从扫描的过程来看，设计好的扫描条带在航向（卫星运行的方向，顺轨）上是没有重叠的，是连续的。在数据接被收下来之后，为了检索、存储和使用的方便，把一个条带的影像人为地进行分幅，形成了一景一景的图像，然后，又为了方便进行图像之间的镶嵌（需要有同名地物），所以在人为分幅时将同一个条带相邻的影像之间规定了固定的重叠度，这就是卫星影像航向重叠度（图3-15）。

旁向重叠是指相邻轨道的对应影像之间的重叠（交轨方向）。旁向重叠是一个变化的值，跟平台轨道、扫描仪的参数设计以及纬度位置有关。由于扫描条带的宽度是一定的，而扫描的目标——地球是球状的，所以旁向重叠度在赤道最小，其随着纬度增加而增大（图3-16）。以MSS图像为例，赤道地区，旁向重叠度为14%；纬度30°地区，这个值上升至26%；纬度60°地区，旁向重叠度可以达57%。

3.3.2.3　影像编号

卫星影像一般都按一定的方式编号，以便于存储和检索。Landsat影像采用 WRS

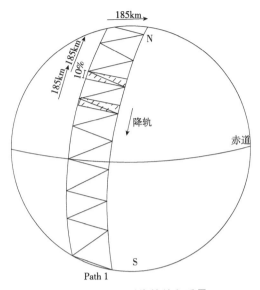

图 3-15　卫星影像的航向重叠

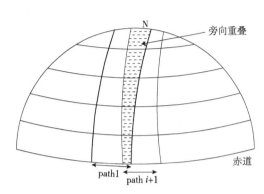

图 3-16　卫星影像的旁向重叠

（Worldwide Reference System，全球参考系统）。WRS 有两套编号系统，分别适用于不同的 Landsat 卫星影像编号。WRS-1：Landsat 1~3；WRS-2：Landsat 4~8。WRS 采用 Path 和 Row 进行标识，变化规律为（以 WRS-1 为例）：

Path：Path001-赤道区 65.48°W，自东向西增加，共 251 条轨道。

Row：Row001-80°1′12″N，由北向南增加，共 119 行。

WRS-1 系统中，中国区域的 Path 号变化于 121~163 之间，Row 号变化于 022~056 之间。WRS-2 系统中，中国区域的 Path 号变化于 113~151 之间，Row 号变化于 023~056 之间。

搭载在 Terra 和 Aqua 两颗卫星上的中分辨率成像光谱仪（MODIS）的影像采用 SIN（正弦曲线投影）地球投影系统，将全球按照 10°经度×10°纬度（1200km×1200km）的方式分片，全球陆地被分割为 600 多个 Tile，并对每一个 Tile 赋予了水平编号（h）和垂直编号（v）。左上角的编号为（h0，v0）右下角的编号为（h35，v17）（图 3-17），中国区域的 MODIS 产品的编号为：h23~h29，v03~v08。

3.3.2.4　遥感图像的分辨率

传感器的分辨率指标是选择遥感图像数据的重要依据，是评价遥感图像质量的重要指标。遥感图像的分辨率包括空间分辨率、光谱分辨率、辐射分辨率和时间分辨率 4 种。空间分辨率对应目标地物的几何特征，描述地物的大小、形状及空间分布特点；光谱分辨率和辐射分辨率对应地物的物理特征，描述地物与辐射能量有关的特征；时间分辨率对应地物的时间特征，描述地物的变化动态特征。空间分辨率和辐射分辨率直接影响图像的质量，属于质量特征；光谱分辨率和时间分辨率直接影响图像的信息含量，属于信息量特征。

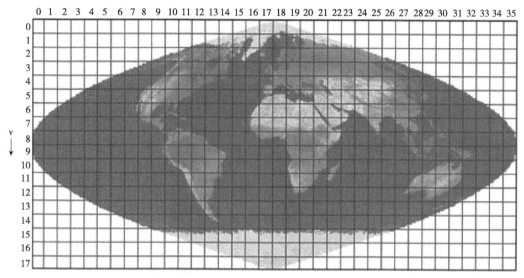

图 3-17　SIN 的分割方式

（https：//modis-land. gsfc. nasa. gov/MODLAND_ grid. html）

（1）空间分辨率

空间分辨率（spatial resolution）指图像上能够详细区分的最小单元的尺寸或大小，也可以指能够识别的最小地面距离或最小目标物的大小。空间分辨率一般有以下 3 种表示方法。

①像元（pixel）：用单个像元对应的地面面积的大小来表示空间分辨率，单位为 m 或 km。如 Landsat 7 的 ETM+多波段影像空间分辨率为 30m，即指一个像元对应的地面范围是30m×30m。像元越小，空间分辨率越高。

②瞬间视场（instantaneous field of view，IFOV）：像元的尺寸取决于传感器单个探测元件的观测视野（即瞬间视场）和平台高度。IFOV 越小，像元对应的地面面积越小，空间分辨率越高。因此，又可以用 IFOV 的大小来表示空间分辨率的高低。IFOV 的单位是弧度（rad）。

③线对数（line pairs）：所谓线对，是指一对同等大小的明暗条纹或规则间隔的明暗条对。对摄影系统而言，常用影像中 1mm 内能够分辨出的线对数来表示空间分辨率的大小，单位为"线对/mm"。系统能分辨出的线对数越多，空间分辨率越高。

一般而言，遥感系统的空间分辨率越高，其识别物体的能力越强。在实际应用中，具体目标物的可分辨性不完全取决于空间分辨率的数值，还与目标物的形状、大小，以及它与周围背景的对比度、结构等有关。例如，线状地物宽度小于单个像元尺寸时仍有可能被识别。说明空间分辨率的大小仅表明影像细节的可见程度，真正的识别效果还要考虑环境背景复杂性等因素的影响。

选择遥感数据时，空间分辨率是需要考虑的重要指标。根据不同的应用目的，不同的目标物选择合适空间分辨率的数据。例如，森林清查要求遥感影像具有 400m 的空间分辨率，森林病害监测要求 50m 空间分辨率。

（2）光谱分辨率

对同一地物，在同一瞬间获取多个波段的影像称为多光谱遥感。多光谱遥感的优势在于能够充分利用地物在不同光谱区有不同的辐射特征来增加信息量，从而提高影像的判读和识别能力。光谱分辨率（spectral resolution）则指传感器所选用的波段数量的多少、各波段的波长位置及波段间隔的大小，即选择的通道数、每个通道的中心波长（传感器最大光谱响应所对应的波长）、带宽（用最大光谱响应的半宽度来表示），这 3 个因素共同确定遥感影像的光谱分辨率。狭义的光谱分辨率是指传感器在接受目标辐射的波谱时能分辨的最小波长间隔。间隔愈小，分辨率愈高。光谱分辨率的高低常用波长间隔/带宽表示，单位为 μm 或 nm，带宽越小，光谱分辨率越高；或用波段数量来表示，波段数越多，光谱分辨率越高。一般来说，传感器的波段数量越多，波段宽度越窄，地物越容易区分和识别（图 3-18）。

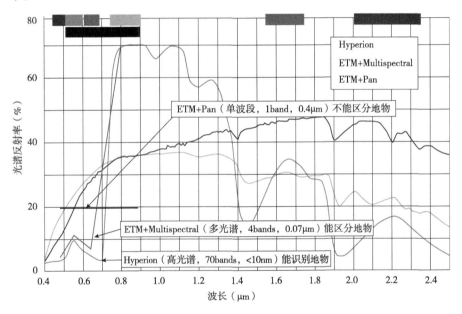

图 3-18   3 种影像（光谱分辨率不同）对地物的识别能力比较

（引自吴静《遥感数字图像处理》，2018）

图 3-18 列举了 3 种影像：ETM+Pan、ETM+Multispectral 和 Hyperion，对比它们在可见光到近红外波段的光谱分辨率。ETM+Pan 在 0.5～0.9μm 用了 1 个波段探测，带宽 0.4μm；ETM+Multispectral 在 0.45～0.9μm 用了 4 个波段探测，带宽 0.07μm；Hyperion 在 0.4～1.0μm 用了 70 个波段，带宽<10nm。它们在可见光到近红外波段识别地物的能力存在明显不同。

光谱分辨率高于 10nm 的遥感探测称为高光谱遥感（hyper spectral）。高光谱遥感所得影像的每一个像元都可提取其本身具有的连续光谱数据，实现遥感影像和光谱合一，因此，又称为成像光谱遥感（imaging spectrometry）。其重要特征是超多波段和大数据量。高光谱遥感图像包含了丰富的空间、辐射、光谱信息，为目标物"识别"提供直接的信息源，对于精细农业（如作物精细分类、作物生化组分提取等）和矿物识别（矿物种类、成分、含量等)有重要意义。

需要说明的是,波段数量并非越多越好。波段分得越细,各波段数据间的相关性可能越大,数据的冗余度增大,未必能达到预期的识别效果。同时,波段数越多,数据量越大,数据的传输、处理难度越大。因此,在传感器波段设计和遥感应用选择数据时要综合考虑多方面因素,尤其要考虑具有诊断意义的地物波谱特征以确定合适的光谱分辨率。

光谱分辨率和空间分辨率相互制约。高空间分辨率传感器 IFOV 较小,必须加宽光谱带宽(降低光谱分辨率)才能获得能够被接受的信噪比。所以,往往同一平台上搭载的多波段传感器比全色波段传感器空间分辨率要低,如 ETM + Pan 空间分辨率 15m,ETM + Multispectral 空间分辨率 30m。高空间分辨率的图像往往波段数比较少。

(3)辐射分辨率

遥感图像中的地物被识别存在两个前提条件:一是地面景物本身必须有足够的对比度(指在一定波谱范围内亮度上的对比度);二是遥感仪器必须有能力记录下这个对比度。辐射分辨率(radiant resolution)指传感器接受波谱信号时,能分辨的最小辐射度差,或指对两个不同辐射源的辐射量的分辨能力。辐射分辨率是衡量传感器对光谱信息强弱的敏感程度、区分能力的指标,一般用灰度的分级数(D)来表示,即最暗到最亮灰度值间分级的数目——量化级数。常用 $\log_2 D$ 表示,单位 bit。如 $D = 256 = 2^8$,辐射分辨率表示为 $\log_2 2^8 = 8$bit。

$$2^6 = (0\sim63),64 级,Landsat,MSS,6bit。$$

$$2^8 = (0\sim255),256 级,Landsat\ 7,ETM+,8bit。$$

$$2^{10} = (0\sim1023),1024 级,IKONOS,10bit。$$

一般量化比特数≥10bit 的遥感影像称为高辐射分辨率影像,如 QuickBird、IKONOS、MODIS、GeoEye 的数据。

空间分辨率和辐射分辨率都与瞬间视场 IFOV 有关。一般 IFOV 越大,最小可分像元越大,空间分辨率越低;但是,IFOV 越大,光通量即瞬时获得的入射能量越大,辐射测量越敏感,对微弱能量差异的检测能力越强,辐射分辨率越高。空间分辨率的提高,往往会伴以辐射分辨率的降低。

(4)时间分辨率

时间分辨率(temporal resolution)指传感器对同一地点进行采样的时间间隔,即采样的时间频率,也称重访周期。时间分辨率主要取决于遥感平台的回归周期及传感器的设计。遥感图像的时间分辨率可分为 3 种:超短(短)周期,可以观测一天之内的变化,以小时为单位;中周期,可以观测一年之内的变化,以天为单位;长周期,一般以年为单位。时间分辨率对遥感动态监测很重要。不同遥感监测对象需要采用不同的时间分辨率影像。气象预报、灾情监测所需资料以小时为单位;作物长势监测、估产一般以旬、天为单位;城市变迁一般以年为单位。常见的传感器时间分辨率为:Landsat,16d;SPOT,5d;CBERS - 2,26d;资源三号,3 ~ 5d;GeoEye - 1,1~3d;IKONOS,1~3d;WorldView - 1,1.7d;QuickBird,1~6d;高分四号,实时监测。

除了单星平台的传感器通过传感器设计等途径(例如,SPOT 卫星的搭载传感器具有轨道之间的侧视能力)提高时间分辨率之外，卫星系列还可以采用大、中、小卫星相互协同，高、中、低轨道相结合，在时间分辨率上从几小时到数天不等，形成一个不同时间分辨率互补的系列。

3.3.2.5　MODIS 数据

EOS 地球观测计划的 Terra 卫星(上午星)和 Aqua 卫星(下午星)分别搭载了 5 种和 6 种对地观测仪器，其中都有中分辨率成像光谱仪(Moderate-resolution Imaging Spectroradiometer，MODIS)，Terra-MODIS 数据产品一般以 MOD 命名，Aqua-MODIS 产品一般以 MYD 命名。MODIS 数据现已广泛应用于地球资源监测。

(1)EOS/MODIS 数据产品特点

①多通道同时观测：MODIS 仪器有 36 个离散光谱波段，光谱范围宽，从 0.4μm(可见光)到 14.4μm(热红外)全光谱覆盖。大大增加了对地球环境的观测和识别能力。

②较高分辨率观测(与 NOAA 卫星相比)：MODIS 有两个通道最高空间分辨率为 250m，5 个通道为 500m，回归周期 1~2d，大大增加了对地球大范围自然灾害细致观测的能力。

③大范围观测：扫描观测宽度达 2 330km，在纬度 25°以上区域，一颗卫星一次就可以覆盖全球中、高纬度地区，同时获取地球大气、海洋、陆地、冰川、雪等多种环境信息。

④每天可覆盖全国多频次观测：两颗卫星每天我国大部分地区可观测 4 次，对突发性自然灾害有很强的监测能力。

⑤高精度观测：MODIS 仪器各通道输出的灰度量化等级为 12bit，量化等级比 NOAA/AVHRR 高 4 倍，另外采用了可见光通道星上校准技术，确保长期稳定观测。

(2)MODIS 数据产品级别

MODIS 数据产品按处理级别可以分为以下 6 种。

0 级产品：也称原始数据。

1 级产品：指 L1A 数据，已经被赋予定标参数。

2 级产品：经过定标定位后数据，本系统产品是国际标准的 EOS-HDF 格式，包含所有波段数据，是应用比较广泛的一类数据。

3 级产品：在 L1B 数据的基础上，对由遥感器成像过程产生的边缘畸变(Bowtie 效应)进行校正，产生 L3 级产品。

4 级产品：由参数文件提供的参数，对图像进行几何校正和辐射校正，使图像的每一点都有精确的地理编码、反射率和辐射率。MODIS L4 级产品图像进行不同时相的匹配时，误差小于 1 个像元。该级产品是应用级产品不可缺少的基础。

5 级及以上产品：根据各种应用模型开发 L5 级产品。

(3)MODIS 数据文件命名规则

MODIS 数据文件命名采用 23 位编码，这 23 码分别由字母及数字组成。定义如下。

第 1 位(1 位数)：卫星名称代码，用英文字母表示。其中，A 为 EOS 第一颗上午星

（Terra 卫星）。

第 2~4 位（3 位数）：传感器名称代码，用英文字母 MOD 表示，MOD 是 MODIS 的缩写。

第 5~6 位（2 位数）：数据级别定义代码，用阿拉伯数字表示。其中，01 为 L1A 数据，02 为 L1B 数据，03 为 GEOLOCATION 数据；二级以上数据编码另行规定。

第 7~9 位（3 位数）：数据分辨率代码，用数字和英文字母表示。其中，1KM 为 1km 分辨率数据，HKM 为 500m 分辨率数据，QKM 为 250m 分辨率数据以及 OBC 数据。

第 10~23 位（14 位数）：数据采集的年月日时分秒代码，用阿拉伯数字表示。其格式为年（4 位数）、月（2 位数）、日（2 位数）、时（2 位数）、分（2 位数）、秒（2 位数）。

例如，AMOD021KM20190707140331.hdf。A 表示上午星 Terra，MOD 表示传感器为 MODIS；02 表示 L1B 数据；1KM 表示 1km 分辨率；20190707 表示数据采集日期为 2019 年 7 月 7 日；140331 表示该轨数据是在国际标准时间 14：03′31″入境的。

MODIS 数据文件的扩展名用 3 个字节表示，扩展名用于说明数据格式。其中包括：原始数据（.down）、0 级数据（.pds）、1 级及其以上数据（.hdf）和快视图像数据（.jpg）。

例如，MOD09A1.A2019001.h08v05.005.2019012234657.hdf。MOD09A1 表示产品缩写（MOD09A1 是地表反照率 8 天合成产品）；A2019001 表示数据获得时间（A-YYYYDDD，2019 年的第 1 天）；h08v05 表示分片标示（水平编号 08，垂直编号 05）；005 表示数据集版本号；2019012234567 表示产品生产时间（YYYYDDDHHMMSS）；hdf 表示数据格式（HDF-EOS）。

推荐阅读

推荐阅读：遥感的成功应用

导读：本文节选自利拉桑德《遥感与图像解译》1.9：遥感的成功应用。作者对成功应用遥感的前提、多观察遥感方法的含义进行了阐述。原文参见：利拉桑德，2016. 遥感与图像解译［M］．7 版．彭望琭，等译．北京：电子工业出版社。

成功应用遥感的前提是，综合多个相关的数据源和分析过程。某种传感器和解译过程的组合并不适合于所有应用。设计成功遥感项目的关键至少应包括：①清楚地定义了所要研究的问题；②对利用遥感技术来解决问题的潜力做出评价；③确定适合于该任务的遥感数据获取过程；④确定所用的数据解译方法和所需的参考数据；⑤确定所收集信息质量的评判标准。

人们通常会忽略一个或多个上述的组成部分。这样做的结果可能是灾难性的。许多计划很少或无法根据信息质量去评价遥感系统的性能。许多人获得的遥感数据数量在增长，但缺乏解译的能力。由于问题未被清楚地定义，或未清楚理解与遥感方法相关的限制或机会，有些情形下会使用（或不使用）遥感做出不正确的决策。明确具体问题的信息需求和遥感能满足这些需求的程度，在任何时候对任何成功的应用都是极为重要的。

采用多观察方法收集数据在很大程度上促进了许多遥感应用的成功。这可能是从不同高度收集同一位置数据的多级遥感，或是在几个光谱波段同时获得数据的多光谱遥感，亦或是在多个时间收集同一位置数据的多时相遥感。

在多级遥感中，卫星数据可与高空数据、低空数据及地面观察数据一起进行分析。每个连续的数据源可以为较小的地理区域提供更详细的信息。从较低水平观察提取的信息，可外推到较高水平的观察上。

应用多级遥感技术的一个普通例子是，森林病害和昆虫问题的检测、鉴定与分析。图像分析人员能从航天图像中获得所研究区域的主要植被种类，利用这些信息确定感兴趣植被 种类的分布范围和位置，并在更精确的成像阶段详细地研究有代表性的子区域。在第二阶段成像时，可以把病变区域描绘出来。对这些地区中的代表性取样做野外检查，证实病变的存在和具体成因。

通过地面观察详细分析问题后，分析人员将利用遥感数据，把评估结果外推到小研究区域之外。通过分析大区域遥感数据，分析员能确定病害问题的严重程度和地理范围。因此，要判断究竟是什么问题时，一般只能通过详细的地面观察来评估；而同样重要的问题，诸如在哪里、有多少和多么严重，经常通过遥感分析方法得以很好解决。

总之，从多种观察分析地形与从任何单一观察分析地形相比，能够获得更多的信息。与此类似，多光谱成像与任何单一波段成像收集的数据相比，能提供更丰富的信息。当把记录的多波段信号彼此组合起来分析时，与仅用单一波段或把多波段各自单独分析相比，可获得更多的信息。多光谱方法已成为遥感概念和基础的核心，包括对地球资源类型、文化特征及它们的条件的判别。

多时相遥感对同一地区进行多个时间的遥感探测，利用不同时间发生的变化来判别地面条件。这种方法常用来检测土地利用的变化，如城市边缘郊区的发展。实际上，区域土地利用调查要求通过多传感器、多波段、多级和多时相遥感来收集数据，以用于多种目的。

在任何应用遥感的方法中，不仅必须选择数据获取和数据解译技术的正确组合，而且必须确定遥感技术和"传统"技术的正确组合。必须认识到：遥感技术本身只是一种工具，它必须与其他技术配合才能发挥最大的作用，遥感本身并不是最终目的。因此，遥感数据当前正广泛应用于基于计算机的地理信息系统（GIS）中。GIS 环境允许综合、分析、交流看起来无限的资源和各种类型的生物物理学与社会经济学数据—只要它们具有地理参照意义。遥感可被认为是系统的"眼睛"，该系统能提供来自航空或航天有利位置点的重复的、概要的(甚至全球的)地球资源景象。

遥感为我们提供了真正看到不可见世界的能力。我们能够开始在生态系统基础上来观察环境的组成，以至于遥感数据能够超越当前所收集的大多数资源数据的人文边界。遥感也可以超越学科的界限。其应用范围如此广泛，以至于没有人能够完全掌握这一领域。对遥感 基础研究感兴趣的"硬"科学家和对遥感实际 应用感兴趣的"软"科学家，都对遥感做出了重要的贡献，并从中获得了益处。

毫无疑问，遥感在科学、政府和商业部门中的作用将越来越大。传感器、空间平台、数据通信和分发系统、全球定位系统(GPS)、数字图像处理系统和 GIS 技术性能的发展，也日新月异。同时，我们见证了无所不能的空间地球社会的演变。最重要的是，我们越来越意识到全球资源库的相关性和脆弱性，也意识到遥感在地球资源普查、监测和管理，以及建模和帮助我们理解全球生态系统及其动态变化中的重要作用。

思考题

1. 地球的自转和公转对卫星的对地观测产生了哪些影响？在遥感卫星的轨道设计中是怎样利用的这些影响来实现较好的观测效果？

2. 大多数遥感卫星平台的轨道都是与太阳同步、近圆形、近极地轨道，为什么？

3. 什么是多光谱遥感？举例说明多光谱遥感有什么优势。

4. 一景 MSS 图像，有几个波段？每个波段影像有多少行、多少列？多少个像元？地面覆盖范围多大？需要多少时间扫描成像？

5. H=90km，航片尺寸 18cm×18cm，在航片边缘处有一点，地面高差为 100m，求其投影误差。

6. 同一景物在相邻两张航片上的影像会完全相同吗？为什么？

7. 为什么未经几何精校正处理的一个像对的航片很难按同名点影像严格重叠？

8. 兰州市中心的地理坐标为 103.82°E，36.072°N。请查询出兰州幅 MSS 影像和 ETM+影像的编号。

9. 西宁市在兰州市的西面，影像轨道号可能增大还是减小？天水市在兰州市的南面，影像行号可能增大还是减小？

10. 遥感图像的分辨率有哪几种？各有什么含义？常用哪些形式表示？

参考文献

李小文，2008. 遥感原理与应用[M]. 北京：科学出版社.

利拉桑德，2016. 遥感与图像解译 [M]. 7 版. 彭望琭，等译. 北京：电子工业出版社.

刘韬，2014. 法国 SPOT-7 卫星[J]. 卫星应用，（10）：73.

梅安新，2001. 遥感导论[M]. 北京：高等教育出版社.

仇肇悦，1995. 遥感应用技术[M]. 武汉：武汉测绘科技大学出版社.

日本遥感研究会，2011. 遥感精解[M]. 刘勇卫，等译. 北京：测绘出版社.

吴静，2018. 遥感数字图像处理[M]. 北京：中国林业出版社.

肖温格特，2010. 遥感图像处理模型与方法[M]. 3 版. 微波成像技术国家重点实验室，译. 北京：电子工业出版社.

徐希孺，2005. 遥感物理[M]. 北京：北京大学出版社.

赵英时，2013. 遥感应用分析原理与方法[M]. 2 版. 北京：科学出版社.

朱文泉，2015. 遥感数字图像处理——原理与方法[M]. 北京：高等教育出版社.

Irons J R, Dwyer J L, Barsi J A, 2012. The next Landsat satellite：The Landsat data continuity mission[J]. Remote Sensing of Environment，（122）：11-21.

Thenkabai P S, 2016. Remote sensing handbook [M]. Boca Raton：CRC Press.

第 **4** 章
遥感图像处理

遥感图像是地物地磁波谱特征的实时记录，虽然其蕴含信息丰富，但需要通过挖掘才能得以利用，同时受空间分辨率、波谱分辨率、时间分辨率和辐射分辨率等限制，遥感系统尚不能精确记录复杂地表的全部信息，误差不可避免地存在于数据获取过程中，从而降低了数据质量，影响了分析精度，限制了数字图像的信息挖掘与共享。由此，对原始遥感图像进行预处理操作，去除噪声、干扰和变形等，是十分必要的。

图像预处理也称图像纠正或重建，是通过对图像获取过程中产生的变形、扭曲、模糊（递降）和噪音的纠正，得到一个尽可能在几何和辐射上真实的图像。在此基础上，为进一步突出专题信息、提高图像视觉效果，易于识别图像内容，以提取有用的数据信息，需要对图像进行增强和变换。该操作能够改善图像目视效果，提高清晰度，将图像转换为一种适合于人和机器进行解译和分析的形式，抑制无用信息的干扰。

遥感图像的增强和变换在数字图像处理中应用广泛。按照操作空间可分为：波谱增强和空间增强；按处理方法可分为：彩色合成、亮度变换、图像运算、密度分割等。

4.1 图像预处理

4.1.1 辐射校正

在利用遥感器观测目标地物辐射或反射电磁能量时，由于遥感图像成像过程的复杂性，会导致遥感器得到的测量值与目标地物记录的物理量不一致。遥感器输出的结果包含由自身光电系统特征、太阳位置及角度条件、地形及雾霾等大气条件不同所引起的各种异常，这些异常值并非地面目标真实的辐射，导致的光谱亮度的失真需要进行消除或校正，才能正确评价地物的反射及辐射特征。通常，将消除图像数据中依附在辐射亮度里的各种失真的过程称为辐射校正，也称辐射量校正(radiometric correction)。完整的辐射校正包括遥感器校准、大气校正及太阳高度和地形校正(图 4-1)。

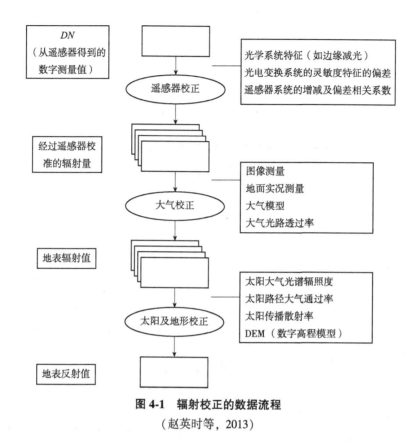

图 4-1　辐射校正的数据流程

(赵英时等，2013)

4.1.1.1　遥感器校正

遥感器校正也称遥感器定标，是指建立遥感器每个探测元件所输出信号的量化值，与该探测器对应的像元内的实际地物辐射亮度值之间的定量关系，即将遥感器所得的测量值变换为绝对亮度值(绝对定标)或变换为与地表反射率、地表温度等物理量有关的相对值(相对定标)的处理过程。遥感器校正(定标)是遥感定量化的前提，用以确定传感器入口处的准确辐射值，遥感数据的可靠性以及可应用深度很大程度上取决于遥感器的遥感器校正精度。

遥感器校正(定标)一般包括强度(振幅)定标、光谱定标和空间定标 3 项内容，亦可分为绝对定标和相对定标两种类型。其中，绝对定标主要是对目标进行定量化的描述，目的在于得到目标的辐射绝对值；相对定标则只是得出目标中某一点辐射亮度与其他点的相对值。

(1)绝对定标

绝对定标主要是建立传感器测量数字信号与对应辐射能量间的数量关系，一般在卫星发射前后都要进行。绝对定标主要包括以下方法：

①实验室定标：指遥感器发射前必须进行的实验室光谱定标与辐射定标，将仪器的输出值转换为辐射值，有的在仪器内设有内定标系统，如 NOAA/AVHRR3、4、5 通道就装有内定标系统。

②星上内定标：对于可见光和近红外通道，多采用太阳或标定的钨丝灯作为校准源；对于热红外通道多用黑体，由于标准参考源的光谱辐照度与波长之间的关系曲线精确已

知，因而在任一波谱波段内，与反射辐射探测器的输出信号相对应的数据值就可利用标准源在该波段的平均光谱辐照度来进行校准。利用星上内定标可对一些光学遥感进行实时定标，但大部分星上定标都是部分系统和口径定标，没有模拟遥感器的成像状态，不能确切掌握大气层外的太阳辐射特性，加之该类系统不够稳定，因此，定标精度会受到影响。

③地面定标：通过设立地面遥感辐射定标试验场，选择典型的大面积均匀稳定目标，用高精度仪器在地面进行同步测量，并利用遥感方程，建立空地遥感数据间的数学关系，将遥感数据转换为直接反映地物特性的地面有效辐射亮度值，以消除遥感数据中大气和仪器的影响，从而实现在轨遥感仪器的辐射定标。该方法实现了遥感器运行状态下与获取地面图像完全相同条件的绝对校正，但需要测量并计算大气环境和地物反射率等大量同步数据，且测量误差也会直接影响辐射定标的精度。

（2）相对定标

相对辐射定标是为了校正遥感器中各个探测元件响应度差异，而对卫星传感器测量到的原始亮度值进行归一化处理的过程。由于遥感器中各个探测元件间存在差异，使遥感器探测数据图像出现一些条带，通过相对辐射定标则能够降低或消除这些影响。当该方法不能奏效时，可采用直方图均衡化、均匀场景图像分析等方法来消除。

4.1.1.2　大气校正

电磁波透过地球大气层时，与大气层发生吸收、散射、反射、折射、透射等相互作用，大气改变了光的方向，同时也影响了遥感图像的辐射特征。大气吸收会使遥感图像变得暗淡；散射对遥感及图像数据传输影响更显著，容易造成太阳辐射的衰减，如瑞利散射就是导致遥感图像辐射畸变、图像模糊的主要原因；由于云层介质的存在，传播中不可避免地还存在反射现象，削弱电磁波到达地面的强度。

由于与大气的相互作用，太阳光到达地面目标物之前，电磁辐射强度会出现衰减，导致波谱分布发生变化。同理，来自目标物的反射、辐射电磁波在到达传感器前，需要二次穿过大气层，也会被大气吸收、散射，导致信号中的噪声成分增加，影响图像质量（图 4-2）。由

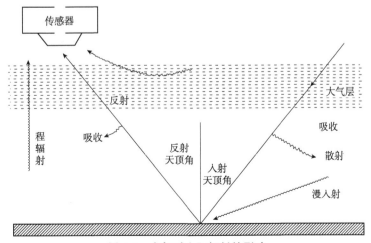

图 4-2　大气对太阳辐射的影响

此可见，消除大气对电磁辐射的影响是十分必要的，它也是保证遥感定量化研究和应用科学有效的关键和难点之一。一般将消除大气对遥感信号影响的处理过程称为大气校正或大气纠正（atmospheric correction）。这里提到的大气影响主要是指大气对太阳光和来自目标的辐射产生吸收和散射。

大气校正是遥感图像辐射校正的主要组成部分，是获取地表真实信息的核心步骤。围绕大气校正的相关研究较多，取得了系列成果。目前，主要的大气校正方法包括：基于辐射传输方程的校正和利用地面实况数据的方法（图 4-3）。

（a）原始图像　　　　　　　　　　（b）经过大气校正的遥感图像

图 4-3　Landsat 8 原始影像与经过大气校正的遥感影像

（1）基于辐射传输方程的大气校正

大气辐射传输方程能够较为合理地描述大气吸收、发射、散射的基本过程，是反映电磁波传输的基本方程。辐射传输方程主要利用电磁波在大气中的辐射传输原理建立，借助模型算法对遥感图像进行校正，因此精度较高，是大气校正的主要方法。

$$\frac{dI}{ds} = \rho^2 B(T) + \omega_0 \frac{k}{4\pi}\rho^2 \int_0^{4\pi} P(\Omega, \Omega') \cdot I(\Omega') \cdot d\Omega' - \rho \cdot k \cdot I \qquad (4\text{-}1)$$

式中　dI——辐射亮度变化情况，即能量的变化量，包括大气吸收和散射导致能量减少的消光部分、大气热辐射导致能量增加的部分，以及天空散射使得非目标物能量被接收导致能量增加的部分；

　　　ds——光路长度；

　　　ρ——吸收/散射物质密度；

　　　B——普朗克函数；

　　　T——大气热力学温度，K；

　　　ω_0——单次散射反照率；

　　　k——消光系数；

　　　P——散射相位函数；

　　　Ω，Ω'——分别表示入射及散射方向立体角；

　　　I——入射辐射亮度。

辐射传输方程需要以大气光学厚度、温度、气压等一系列大气环境参数作为支撑，参数的准确性对校正精度的影响很大。另外，对大气散射起决定作用的气溶胶含量和对大气吸收起决定作用的水汽含量由于随机性和非均匀分布，时空变化差异较大，可能导致大气校正精准度失真。因此，除了对大气参数的获取途径进行扩展和修正以提高大气校正精度外，一般在实际应用中，辐射传输模型也常被简化，如假设大气是水平均匀的、地面为朗伯面、使用长期实验积累或理论研究归纳得到的标准大气模式及气溶胶模型等，通过大气参数的输入和计算，完成图像校正。

经过多年的研究和积累，目前已经开发出多种辐射传输模型，其中应用较为广泛的典型代表有："6S"模型（second simulation of the satellite signal in the solar spectrum）、LOWTRAN（low resolution transmission）、MORTRAN（moderate resolution transmission）、紫外线和可见光辐射模型 UVRAD（ultraviolet and visible radiation）、空间分布快速大气校正模型以及 ATCOR（a spatially-adaptive fast atmospheric correction）等，其中"6S"模型和 MORTRAN 应用最为广泛（孙家抦等，2013）。

①"6S"模型："6S"大气校正模型基于"5S"模型发展而来，适用于可见光—短波红外范畴（波长 $0.25\sim4\mu m$）。模型采用最新近似和逐次散射算法来计算散射和吸收，通过改进参数输入，能够将大气层顶的光谱发射率直接转换为地表反射率。对主要大气效应（如 H_2O、O_3、O_2、CO_2、CH_4、N_2O 等气体的吸收）、大气分子和气溶胶的散射均进行了考虑，具有较高的校正精度。模型算法较为复杂，此处不再做过多的赘述，可以借由"6S"大气校正软件进行求解。计算需要输入的主要参数包括：几何参数（主要有太阳及卫星天顶角、太阳及卫星方位角等，用以计算太阳和传感器的位置）、大气组分参数（主要包含水汽、灰尘颗粒度等参数）、气溶胶组分参数（主要包括水分、烟粉尘等在空气中的百分比等参数）、气溶胶的大气路径长度、被观测目标海拔、传感器高度、波谱条件及其他。

②LOWTRAN 模型：其中的 LOWTRAN7 模型是以 $20cm^{-1}$ 的波谱分辨率的单参数带模式计算 $0\sim50\,000cm$ 的大气透过率、大气背景辐射、单次散射的光谱辐射亮度、太阳直射辐射度，增加了多次散射的计算以及新的带模式、O_3 和 O_2 在紫外线波段的吸收参数。提供了 6 种参考大气模式的温度、气压、密度的垂直轮廓线，H_2O、O_3、O_2、CO_2、CH_4、N_2O 的混合比垂直轮廓线以及其他 13 种微量气体的垂直廓线，城乡大气气溶胶、雾、沙尘、火山喷物、云、雨廓线和辐射参量（如消光系数、吸收系数、非对称因子的波谱分布）。

③MORTRAN 模型：MORTRAN 模型是由大气校正算法研究领跑者 Spectral Sciences Inc.，与美国空军实验室共同研发，适用于可见光—热红外范畴（波长 $0.25\sim10\,000\mu m$），模型考虑了几类典型地物的二向反射特性，采用已知地面信息来获取大气层顶传感器接受的辐射信息的正演方法。模型对 LOWTRAN7 模型的波谱分辨率进行了改进，更新了对分子吸收的气压温度关系处理，维持 LOWTRAN7 模型的基本程序和使用结构。当前

图 4-4　ENVI FLAASH 大气校正模块

广泛使用的 ENVI5.X 遥感数字图像处理软件提供的 FLAASH 大气校正工具，就是基于 MORTRAN5 的辐射传输模型，由 Exelis VIS 公司负责集成和 GUI 设计（图 4-4）。

在假定地表为朗伯体，大气各向同性的前提下，大气层顶的光谱辐射亮度 $L(\mu_v)$ 可表示为：

$$L(\mu_v) = L_p(\mu_v) + \rho_s/(1 - \rho_s S)\mu_s F_0 \tau(\mu_s)\tau(\mu_v) \tag{4-2}$$

式中　$L_p(\mu_v)$——大气程辐射；

　　　ρ_s——地表反射率；

　　　S——大气层底向下的大气半球发射率；

　　　F_0——大气层顶辐射通量密度；

　　　$\tau(\mu_s)$——从地表到传感器或太阳的大气透过率；

　　　μ_s——太阳天顶角的余弦；

　　　μ_v——卫星天顶角的余弦。

（2）利用地面实况数据进行辐射校正

获取遥感图像时，预先设定反射率已知标志，或事先测定目标物反射率，建立地面实况数据与图像数据的线性关系，根据回归方程式对图像进行辐射灰度校正。即假设地面目标物的反射率与传感器信号间存在线性关系，通过获取遥感图像上特定地物的灰度值，并对其成像时相应地面目标反射率进行测量，建立线性回归方程，以此对整幅图像进行校正。该方法计算过程简便、物理意义明确、适用性强，但是需要进行实地定标点的同步式波谱测量，成本高且对地面点的要求比较高。

将地面量测结果与卫星图像对应像元的亮度值进行回归分析，方程式为：

$$L = a + bR \tag{4-3}$$

式中　L——卫星观测值；

　　　a——常数；

　　　b——回归系数。

设 $bR = L_\alpha$ 为地面实测值，该值未受大气影响，则 $L = a + L_\alpha$，a 即为大气影响。所以得到大气影响 $a = L - L_\alpha$，则大气校正公式为：

$$L_\alpha = L - a \tag{4-4}$$

图像中的每个像元亮度值均减去 a，以获得成像地区大气校正后的图像。

（3）其他方法

①黑暗像元法：是一种简便、经典的大气校正方法。该方法假设待校正的遥感图像地表为朗伯面反射且大气性质均一，同时图像上存在黑暗像元，即存在反射率为 0 或非常小的区域，在忽略大气多次散射辐照作用和邻近像元漫反射作用前提下，暗黑像元因为大气影响，其反射率是相对增大的。那么其他像元减去黑暗像元的像元值，就能减小大气对图像的影响，以完成大气校正（邓书斌等，2014）。这类校正方法，一般假设图像的大气散射影响均一，无需进行实际地面波谱和大气参数的测量，简化工作流程和负担，易于实现，其关键在于寻找到黑暗像元及其增加的像元值。

②直方图调整：利用统计图表示图像像元值与像元数关系的图表称为直方图。在一个二维坐标系内，一般以横坐标表示图像的像元亮度，纵坐标表示每一亮度或亮度间隔的像元占总像元的百分比（图4-5）。直方图调整也称简单大气散射补偿，即全图图像亮度减去

辐射偏置量，以实现图像的校正增强。该值作为图像的程辐射值，通常为图像直方图的最小亮度。具体来说，就是在图像中找到辐射亮度或反射率为 0 的地区，则亮度最小值就是该区域大气影响的程辐射度增值。将每一个波段中的像元亮度值均减去本波段的最小值，以改善图像亮度，增强对比度，提高图像质量。

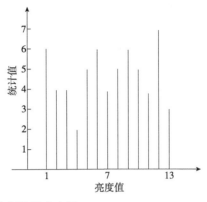

图 4-5　数字图像及直方图

③回归分析法：从待校正的某一波段图像和不受大气影响的波段图像中，选择从最亮到最暗的一系列目标，对每一目标的两个波段亮度值进行回归分析，如 MSS 的第 4 和第 7 波段，其亮度值分别为 L_4 和 L_7，回归方程为：

$$y = a_4 + b_4 x \tag{4-5}$$

式中　x，y——两个波段图像灰度的平均值 $\overline{L_7}$，$\overline{L_4}$。

根据线性回归方程的推导可以求得回归系数：

$$b_4 = \frac{\sum\limits_{I=1}^{n} \left[(L_{7(i)} - \overline{L_7})(L_{4(i)} - \overline{L_4}) \right]}{\sum\limits_{I=1}^{n} (L_{7(i)} - \overline{L_7})^2} \tag{4-6}$$

所以

$$a_4 = \overline{L_4} - b_4 \overline{L_7} \tag{4-7}$$

则大气校正公式为：

$$L_4' = L_4 - a_4 \tag{4-8}$$

L_4' 为第 4 波段校正后的图像亮度值。对任一波段 I，其大气影响为 a_i，它是第 i 波段图像回归分析得到的截距，即 i 波段大气校正值(图 4-6)。

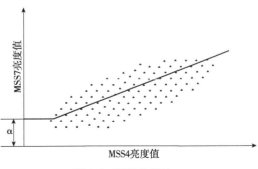

图 4-6　回归分析法

4.1.1.3　太阳高度和地形校正

太阳高度、地形起伏对像元的光谱辐射也有很大影响。其中，太阳高度角指某地太阳光线与通过该地与地心相连的地表切面的夹角，简言之即太阳光入射方向和地平面之间的夹角。高度角引起的辐射畸变校正是将太阳光线倾斜照射时获取的图像，校正为垂直照射时获取的图像。太阳高度角的存在容易导致图像出现阴影，影响图像的分类识别与定量化处理分析。对多光谱图像，一般用两个波段图像比值产生新图像以消除地形影响。类似的，地形起伏与变动对遥感数据的光谱信息也有巨大影响。当地形倾斜时，经过地表扩散、反射再入射到传感器的太阳光辐射亮度会依倾斜度发生变化，一般可利用该地区 DEM 计算每个像元太阳瞬时入射角以校正其辐射亮度值，也可通过波段间比值图像减少或消除该影响，以达到校正目的。

4.1.2 几何校正

图像各像元的位置与地图坐标系中的目标地物在几何位置上存在差异，产生如行列不均匀、像元大小与地面大小不对应、地物形状发生形变等现象，称为几何畸变。原始图像通常都包含严重的几何畸变。

4.1.2.1 几何畸变产生的原因

几何畸变产生的原因是多种多样的，是卫星姿态、运行轨道、传感器本身结构性能、地球自转等运动性质等多种因素综合作用的结果，也包括为纠正上述各类误差进行换算和模拟而产生的处理误差。对几何畸变产生的原因进行归纳总结，一般可大致分为以下4类。

(1)传感器内部畸变

主要由传感器结构引起，包括透镜的辐射/切线方向畸变像差、透镜的焦距误差、透镜的光轴与投影面的非正交性、图像投影面的非平面性、探测元件排列不整、采样速率变化、采样时刻偏差以及扫描镜的扫面速度变化等(图4-7)(日本遥感研究会，2011)。

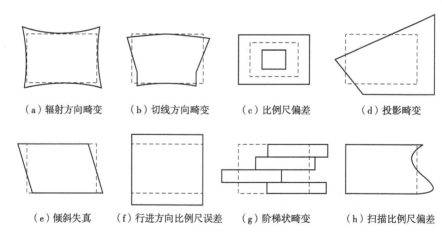

（a）辐射方向畸变　　（b）切线方向畸变　　（c）比例尺偏差　　（d）投影畸变

（e）倾斜失真　　（f）行进方向比例尺误差　　（g）阶梯状畸变　　（h）扫描比例尺偏差

图 4-7　中心投影方式的传感器内部畸变

(2)传感器的外部畸变

传感器的外部畸变主要包括平台畸变和目标物畸变两类。

①平台畸变：平台水平位置、平台高度、位置时间变化、姿态、姿态时间变化等都会

导致图像产生相应的误差。卫星和飞机在运动过程中，其飞行姿态不可能保持恒定状态，飞行的航高、航速也始终在变动之中。航高越向高处偏离，遥感图像对应的地面就会变得越宽。航速较快时，扫描带超前；航速较慢时，扫描带发生滞后，可导致遥感图像在卫星前进方向上（影像上下方向）的位置移动。另外，飞行平台在运动中还会出现俯仰、翻滚和偏航的姿态变化，也会引起遥感图像出现几何畸变（图4-8）。具体来说：俯仰变化能引起遥感图像上下方向的变化，以及星下点俯时后移、仰时前移，发生行间位置移动；姿态翻滚是指以前进方向为轴旋转了一个角度，可导致星下点在扫描线方向偏移，使整个图像的行向翻滚角引起偏离的方向错动；偏航则指平台在前进过程中相对于原前进航向偏转了一个角度，从而引起扫描行方向的变化，导致遥感图像的倾斜畸变。

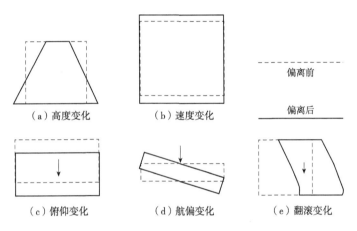

图 4-8　平台和运动状态产生的遥感图像几何畸变

②目标物畸变：主要是由地球自转、曲率、地形起伏、折射等引起的畸变。除此以外透视收缩、叠掩、雷达阴影也会产生畸变。

a. 地球自转：传感器对地扫描获得图像时，地球自转会导致图像偏离，出现畸变。这主要是由于多数卫星在轨道运行的降段接收图像，即卫星自北向南运动，这时地球自西向东自转。相对运动下，卫星的星下位置逐渐产生偏离。

b. 地形起伏：起伏较大的地形容易产生局部像点的位移，使原本应是地面点的信号被同一位置某个高

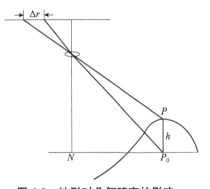

图 4-9　地形对几何畸变的影响

点的位置取代（图4-9）。因为高差的存在，实际像点距像幅中心的距离相对于理想点距像幅中心的距离存在距离差。

c. 表面曲率：地球是一个非圆形的椭球体，其表面是一个曲面，一般用曲率（几何体不平坦程度的一种衡量）进行测量。一般，当地图投影平面是地球的切平面时，而实际地球表面是曲面，使地面点 P_0 相对于投影平面点 P 存在高差 Δh（图4-10）。传感器在扫描过程中获取数据，其每次取样间隔是星下视场角的等分间隔。当地面无弯曲，地面瞬时视场

宽度不大的情况下，L_1，L_2，L_3，…差别不大；当曲率存在时，显示 $P_3—P_1>L_3—L_1$，距星下点越远畸变越大，对应的地面距离越长。

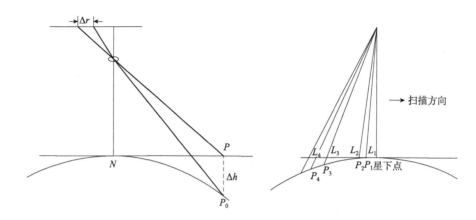

图 4-10　地球曲率对图像几何畸变的影响

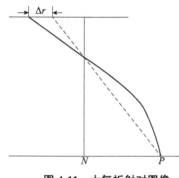

图 4-11　大气折射对图像
几何畸变的影响

d. 折射影响：大气的密度分布并不均匀，一般自下而上逐渐变小，折射后的辐射传播并非直线而是一条曲线，传感器接收的像点发生位移（图 4-11），导致畸变的发生（梅安新等，2001）。

（3）图像投影面的选取不同引起的畸变

图像坐标系的定义方式不同，几何畸变也不同。随着现代空间技术、电子计算机技术的巨大进步，空间测量手段与方法也在不断变革，产生了数量众多的坐标系统。各类坐标要求精度不一、使用目的不同，所采用的测量手段及计算方法也各有差异，其所使用的地球椭球及坐标原点等参数也不尽相同，这些都为几何畸变的发生创造了条件。以参心坐标系和地心坐标系为例，前者以参考椭球体的中心为坐标原点，后者以地球质心为坐标原点。由于参考椭球的中心一般与地球质心不一致，虽然坐标系之间可以通过一定方法进行转换，但转换中必然存在一定误差，这些也都有可能引起几何畸变。

（4）地图投影法的几何畸变

地图投影不同，几何畸变表现也不同。地图投影的实质是建立地球球面上点的坐标和地图平面上点坐标之间一一对应的关系。由于地球球面是一个不可展的曲面，在平面上表示它的一部分或全部都不可避免地会产生失真现象，各类变形（如长度变形、面积变形和角度变形）客观存在。随着地图学及投影理论的不断完善，各种投影方法也在不断改进。各种投影都有其自身的特点，产生的变形也各不相同，如美国国家基本比例尺地图系统所用的 UTM（universal transverse Mercator）投影，属于横轴割圆柱等角投影，角度没有变形，中央经线为直线，且为投影的对称轴，但投影存在面积和长度变形。在小比例尺地图中常见的摩尔维特投影（Mollweide projection）则是一种等积投影。

4.1.2.2　几何校正的定义

产生几何畸变的图像无法直接使用，影响结果的精准性和可信服性，因此需要对畸变图像进行处理。存在几何畸变的图像消除畸变的过程称为几何校正（geometric correction），即定量确定图像坐标与地图坐标的坐标变换式，实现遥感空间数据的地理对应关系（图 4-12）。

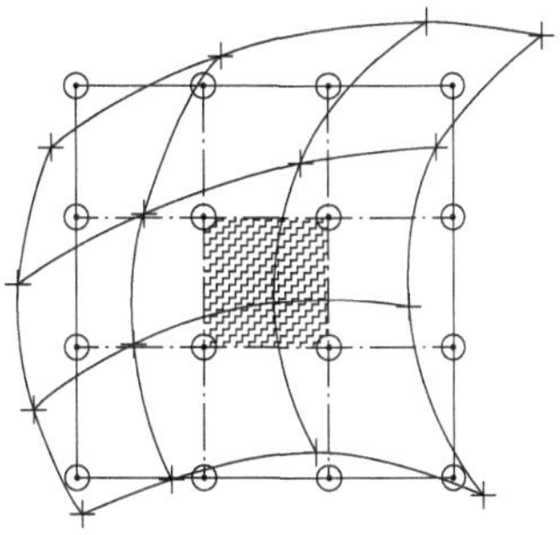

⊙ 输出图像数据　　＋ 原始图像数据

图 4-12　遥感图像的几何校正

4.1.2.3　几何校正的类型

几何校正包括几何粗校正和几何精校正两类。

(1) 几何粗校正

一般地面卫星站会根据卫星跟踪系统提供的卫星参数（如卫星轨道参数、卫星位置、传感器性能指标、大气状态等），对图像进行图幅定位和多种畸变的校正。这类校正对传感器内部畸变的改进十分有效，但这些经过初步加工处理的产品，仍存在残余误差，包括残余系统误差和残余偶然误差（如姿态误差、内部结构误差等），数据定位精度仍显不足，尚不足以精确确定每个像元的地理位置，因此，需要对图像进行进一步的加工和处理。

(2) 几何精校正

几何精校正指消除图像中的几何畸变，生成一幅符合某种地图投影或图形表达要求的新图像。几何精校正主要利用地面控制点和多项式内插模型进行校正，一般包含两个步骤：

第一步，通过构建模拟几何畸变的模型来建立原始图像与标准图像的对应关系，以实现不同图像空间像元位置的转换。基于数学模型，建立变换前与变换后图像坐标$(x, y) \rightarrow (u, v)$的相关关系。通过每个变换后像元的中心位置计算变换前对应的图像坐标点。经分析验证，整数(u, v)的像元点在原图像坐标系中一般不在整数(x, y)点上，即不在原图像像元的中心。逐点计算校正后图像中的每一点所对应原图中的位置，每行结束后进入下一行，直到全图结束。在此基础上计算每点像元值。由于计算后的(x, y)多数不在原图的像元中心处，因此必须重新计算新位置的亮度值。新点的亮度值主要介于邻点亮度值之间，常用内插法进行计算。

第二步，基于对应关系完成畸变图像的变化，实现标准图像空间中每个像元亮度的计算。简而言之，几何精校正要完成像素坐标变换和像元亮度重采样两项工作。建立两图像像元点之间的对应关系（梅安新等，2001），记作：

$$\begin{cases} x = f_x(u, v) \\ y = f_y(u, v) \end{cases} \tag{4-9}$$

通常数学关系 f 表示为二元 n 次多项式：

$$\begin{cases} x = \sum_{i=0}^{n} \sum_{j=0}^{n-i} a_{ij} u_i v_i \\ y = \sum_{i=0}^{n} \sum_{j=0}^{n-i} b_{ij} u_i v_i \end{cases} \quad (n=1, 2, 3, \cdots) \tag{4-10}$$

77

实际计算时常采用二元二次多项式，其展开式为：

$$\begin{cases} x = a_{00} + a_{10}u + a_{01}v + a_{11}uv + a_{20}u^2 + a_{02}v^2 \\ y = b_{00} + b_{10}u + b_{01}v + b_{11}uv + b_{20}u^2 + b_{02}v^2 \end{cases} \tag{4-11}$$

为了找到对应的(x, y)，必须计算出公式中的 12 个系数。由线性理论可知，求 12 个系数必须至少列出 12 个方程，即找出 6 个已知对应点，也就是 6 个点对应的(u, v)和(x, y)均为已知，故称这些已知坐标的对应点为控制点。然后通过这些控制点，解方程组求出 12 个a、b系数值。实际上，6 个控制点只是解线性方程所需的理论最低数，过少的控制点会导致校正图像效果很差，难以满足校正需求，因而需要增加控制点数量以提高精度。增加控制点后则计算方法也有所改变，采用最小二乘法，通过对控制点数据进行曲面拟合求取系数。仍以二元二次方程为例，方程组变为：

$$\begin{cases} a_{00}\sum 1 + a_{10}\sum u_l + a_{01}\sum v_l + a_{11}u_lv_l + a_{20}u_l^2 + a_{02}\sum u_l^2 = \sum x_l \\ a_{00}\sum u_l + a_{10}\sum u_l^2 + a_{01}\sum u_lv_l + a_{11}u_l^2v_l + a_{20}u_l^3 + a_{02}\sum u_lv_l^2 = \sum x_lu_l \\ a_{00}\sum v_l + a_{10}\sum u_lv_l + a_{01}\sum u_l^2 + a_{11}u_lv_l^2 + a_{20}u_l^2v_l + a_{02}\sum v_l^3 = \sum x_lv_l \\ a_{00}\sum u_lv_l + a_{10}\sum u_l^2v_l + a_{01}\sum u_lv_l^2 + a_{11}u_l^2v_l^2 + a_{20}u_l^3v_l + a_{02}\sum u_lv_l^3 = \sum x_lu_lv_l \\ a_{00}\sum u_l^2 + a_{10}\sum u_l^3 + a_{01}\sum u_l^2v_l + a_{11}u_l^3v_l + a_{20}u_l^4 + a_{02}\sum u_l^2v_l^2 = \sum x_lu_l^2 \\ a_{00}\sum v_l^2 + a_{10}\sum u_lv_l^3 + a_{01}\sum v_l^3 + a_{11}u_lv_l^3 + a_{20}u_l^2v_l^2 + a_{02}\sum v_l^4 = \sum x_lv_l^2 \end{cases} \tag{4-12}$$

这里$\sum$代表 1 到L之和，L为控制点的个数，将以上公式以矩阵形式表示为：

$$AU_1 = B_1 \tag{4-13}$$

同理，也可以列出以y为主的矩阵形式：

$$AU_2 = B_2 \tag{4-14}$$

这里：

$$A = \begin{bmatrix} \sum 1 & \sum u_l & \sum v_l & \sum u_lv_l & \sum u_l^2 & \sum v_l^2 \\ \sum u_l & \sum u_l^2 & \sum u_lv_l & \sum u_l^2v_l & \sum u_l^3 & \sum u_lv_l^2 \\ \sum v_l & \sum u_lv_l & \sum v_l^2 & \sum u_lv_l^2 & \sum u_l^2v_l & \sum v_l^3 \\ \sum u_lv_l & \sum u_l^2v_l & \sum u_lv_l^2 & \sum u_l^2v_l^2 & \sum u_l^3v_l & \sum u_lv_l^3 \\ \sum u_l^2 & \sum u_l^3 & \sum u_l^2v_l & \sum u_l^3v_l & \sum u_l^4 & \sum u_l^2v_l^2 \\ \sum v_l^2 & \sum u_lv_l^3 & \sum v_l^3 & \sum u_lv_l^3 & \sum u_l^2v_l^2 & \sum v_l^4 \end{bmatrix}$$

$$U_1 = \begin{pmatrix} a_{00} \\ a_{10} \\ a_{01} \\ a_{11} \\ a_{20} \\ a_{02} \end{pmatrix} \quad U_2 = \begin{pmatrix} b_{00} \\ b_{10} \\ b_{01} \\ b_{11} \\ b_{20} \\ b_{02} \end{pmatrix} \quad B_1 = \begin{pmatrix} \sum x_l \\ \sum x_l u_l \\ \sum x_l v_l \\ \sum x_l u_l v_l \\ \sum x_l u_l^2 \\ \sum x_l v_l^2 \end{pmatrix} \quad B_2 = \begin{pmatrix} \sum y_l \\ \sum y_l u_l \\ \sum y_l v_l \\ \sum y_l u_l v_l \\ \sum y_l u_l^2 \\ \sum y_l v_l^2 \end{pmatrix}$$

解方程组到 U_1 和 U_2，得出二元二次多项式的 12 个系数。系数确定后，可以根据每一个像元点的行列值 (u, v)，求出所对应的原图像对应的 (x, y) 位置。

基于多项式的遥感图像校正能够回避成像的空间几何过程，对图像变形进行模拟，对各类传感器的图像校正具有普适性。除了多项式校正法外，还有适用于研究区地形起伏大、多项式校正结果不理想的情况下使用的基于共线性方程的校正方法；能够解决山区图像融合出现模糊与重影现象，以及平坦地区和丘陵区图像配准的基于自动配准的小面元微分校正；还包括基于有理函数的图像校正等方法。

经过坐标变换的原变形图，重新定位后的像元在原图像中的分布是不均匀的，即在原图像中的行列号不是或不全是整数关系。因此，需要根据重新定位的各像元在原图像中的位置，对原始图像按照一定规则重采样（re-sampling），进行亮度值的插值（interpolation）计算，建立新的图像矩阵。

①重采样：一般包含以下两种方法。

a. 直接法：对输入图像各像元在变换后的输出图像坐标系上的相应位置进行计算，将各像元的数据投影到该位置上（图 4-13）。

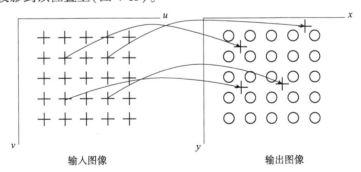

输入图像　　　　　　　　　　　　输出图像

图 4-13　直接法：输入图像各要素在输出图像的投影

b. 间接法：对输出图像各像元在输入图像坐标系的相应位置上进行逆运算，求出该位置上的像元数据（图 4-14），该方法是通常采用的方法。

②亮度值插值一般包括 3 种方法，即：最近邻法、双线性内插法和三次卷积内插法（梅安新等，2001；尹占娥，2008）。

a. 最近邻法：是一种最简单的内插方法，是将最邻近的像元值赋予新像元的方法，也就是将输出像元值简单指定为与其最邻近的输入像元值的方法。图像中两相邻点的距离为

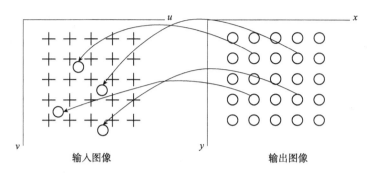

图 4-14　间接法：计算输出图像各要素在输入图像的位置

1，即行间距$\Delta x = 1$，列间距$\Delta y = 1$，取与所计算点(x, y)周围相邻的 4 个点，比较它们与被计算点的距离，哪个点距离近，就取哪个的亮度值作为(x, y)点的亮度值$f(x, y)$。设该最近点的坐标为(k, l)，如图 4-15 所示，则：

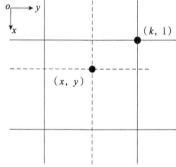

图 4-15　最近邻法

$$\begin{cases} k = \text{Integer}(x + 0.5) \\ l = \text{Integer}(y + 0.5) \end{cases} \tag{4-15}$$

式中　　Integer——取整函数。

因此，点(k, l)的亮度值$f(k, l)$就作为点(x, y)的亮度值，即$f(x, y) = f(k, l)$。

此方法计算简便，计算量小，输出图像仍然保持原来的像元值；该方法在几何位置上精度为±0.5 个像元，最大可以产生 0.5 个像元的偏移，因此可能导致图像亮度值的连续性较差，视觉效果和精度会受到影响。

b. 双线性内插法：双线性内插较之最邻近法略为复杂，主要使用 4 个最邻近的输入像元，按照其距内插点的距离赋予不同的权重，进行线性内插。即取(x, y)点周围相邻的 4 个点，在y方向（或x方向）内插两次，再在x方向（或y方向）内插一次，得到(x, y)点的亮度值$f(x, y)$，该方法称之为双线性内插法。

设相邻 4 个点分别为(i, j)，$(i, j+1)$，$(i+1, j)$，$(i+1, j+1)$，i代表左上角的原点的行数，j代表列数。设$\alpha = x-i$，$\beta = y-j$，过(x, y)做与x轴平行的直线，与 4 个相邻点组成的边相交于点(i, y)和点$(i+1, y)$。先在y方向内插，计算交点的亮度$f(i, y)$和$f(i+1, y)$。如图 4-16 所示，$f(i, y)$即由$f(i, j+1)$与(i, j)内插计算而来。

根据梯形计算公式：

$$\frac{f(i, j) - f(i, y)}{\beta} = \frac{f(i, y) - f(i, j+1)}{1 - \beta} \tag{4-16}$$

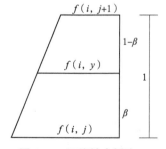

图 4-16　双线性内插法

因此　　　　　　　　$f(i, y) = \beta f(i, j+1) + (1-\beta) f(i, j)$ 　　　　　　(4-17)

$$f(i+1, y) = \beta f(i+1, j+1) + (1-\beta) f(i+1, j) \qquad (4\text{-}18)$$

同理，推导在 x 方向上以 $f(i, y)$ 和 $f(i+1, y)$ 为边组成的梯形来内插 $f(x, y)$，其结果为：

$$f(x, y) = \alpha f(i+1, y) + (1-\alpha) f(i, y) \qquad (4\text{-}19)$$

由以上公式可以得出：

$$f(x, y) = \alpha \left[\beta f(i+1, j+1) + (1-\beta) f(i+1, j) \right] + \\ (1-\alpha) \left[\beta f(i, j+1) + (1-\beta) f(i, j) \right] \qquad (4\text{-}20)$$

i, j 的值通过向 x, y 取整得到：

$$\begin{cases} i = \text{Integer}(x) \\ j = \text{Integer}(y) \end{cases} \qquad (4\text{-}21)$$

在实际内插过程中，先沿着行对整个图像的每一个点依次进行计算，再沿列计算，直到计算完所有的点。

双线性内插法较之最近邻法，计算量大幅增加，但是精度显著提高。由于每个输出像元都是通过几个输入像元得到，因此输出像元不会像最邻近法那样存在不连续的效果，图像看起来较为自然，采用该方法进行内插结果的亮度不连续或线状特征的块状化现象会得到较大改善。由于这种该方法具有平均化的低通滤波效果，降低了图像分辨率，破坏了原来的像元值，对后来的图像识别及分类处理都会产生影响。但相对而言，该方法计算量适中，精度较好，只要采样精度能够满足需求，通常作为可取的方法而被采用。

c. 三次卷积内插法：是利用相邻区域每个方向上相邻的两个像元值（通常为 16 个），采用三次卷积函数进行内插。该方法是最复杂、但也是应用最广泛的方法，其基本思路就是通过增加相邻样本点数目来得到最佳内插函数。即在计算点 (x, y) 分别选择 16 个相邻点如图 4-17 所示，其原理与双线性内插法一致，首先在 x 方向上，每 4 个值依次内插 4 次，得到 $f(x, j-1)$，$f(x, j)$，$f(x, j+1)$ 和 $f(x, j+2)$，再在 y 方向上根据 4 个内插结果进行计算，得到 $f(x, y)$。每一组 4 个样点组成一个连续的内插函数。这种三次多项式内插过程实际上是一种卷积运算，故称为三次卷积内插。

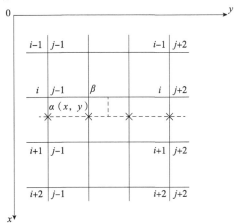

图 4-17　三次卷积内插法

在 x 方向上，设 $m = j-1, j, j+1, j+2$。计算公式为：

$$f(x, m) = \alpha_2(\alpha-1) f(i+2, m) + \alpha(1+\alpha-\alpha_2) f(i+1, m) + \\ (1-2\alpha_2+\alpha_3) f(i, m) - \alpha(1-\alpha_2) f(i-1, m) \qquad (4\text{-}22)$$

令

$$\alpha = x-i, \quad \beta = y-j, \quad i = \text{Integer}(x), \quad j = \text{Integer}(y)$$

共计算 4 次，再用同样的方法计算 y 方向的值：

$$f(x,\ y) = \beta_2(\beta-1)f(x,\ j+2) + \beta(1+\beta-\beta_2)f(x,\ j+1) + $$
$$(1-2\beta_2+\beta_3)f(x,\ j) - \beta(1-\beta_2)f(x,\ j-1) \tag{4-23}$$

三次卷积内插法较之于前两种方法而言，对边缘有所增强，并具有均衡化和清晰化的效果，得到的图像视觉效果较好，但其对输入像元值的改动很大，破坏了原来的像元值，同时需对整个图像中的每一个点计算一遍，因而计算量也非常大，需要的地面控制点也较多，如果需要进行图像分类的分析处理，结果往往会受到很大影响。

4.1.2.4 控制点的选取

(1) 基本术语

在几何校正中，存在一组基本术语使用较为广泛，但因较为相似，容易产生混淆，需要辨识和明确(赵英时等，2013)。

①图像配准(registration)：指同一区域中采用基准图像对另外一幅图像的校准，以保证两幅图像的同名像元匹配。就是将同一地区的两幅图像叠置重合，使得其位置完全配准的一种处理过程。

②图像纠正(rectification)：指借助于一组地面控制点，对一幅图像进行地理坐标的校正，也称地理参照(geo-referencing)。

③图像地理编码(geo-coding)：是一种特殊的图像校正方式，把图像校正到一种统一标准的坐标系，以使地理信息系统中来自不同传感器的图像和地图能够方便地进行不同层之间的操作、运算和分析。

④图像正射投影(ortho-rectification)：指借助 DEM 地形高程模型，对图像中每个像元进行地形变形校正，使得图像符合正射投影的要求。

(2) 控制点选取的基本原则

在地形图和待校正的图像上选取若干对地面控制点(ground control points，GCP)是几何校正中最重要的步骤，控制点选取的精准性和可识别性对几何校正的准确与否具有决定作用。因此，地面控制点并非随意选取，应遵照以下规则进行选择：

①地面控制点应选择图像易分辨，具有明显、清晰定位识别标志的特征点。一般目视解译的方法很容易识别，如道路交叉口、河流弯曲或分叉口、建筑物边缘、飞机场、农田界线、海岸线弯曲处等(图 4-18)(尹占娥，2008)。

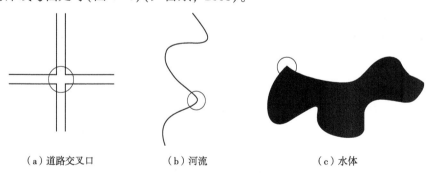

(a) 道路交叉口　　　　(b) 河流　　　　(c) 水体

图 4-18　地面控制点选择

②地面控制点应尽可能均匀分布在整个图像中。图像边缘部分一定要选择控制点，以防止外推。同时，特征变化大的区域应当多选控制点，变化特征不明显的大面积区域，可以用求取延长线交点的方法进行弥补，以减少人为产生的误差。

③地面控制点所选的地物尽量不随时间变化而变化，有助于在进行时间跨度较大的几何校正时，仍然能够很好地对地物进行对比和辨识。另外，若是在没有进行地形校正的图像或地图上进行控制点的选取，则应尽可能选择在同一高度下进行。

④地面控制点的选取要保证一定的数量以满足几何校正的需要。在使用多项式进行计算时，对于一次多项式而言：

$$\begin{cases} x = a_{00} + a_{10}u + a_{01}v \\ y = b_{00} + b_{10}u + b_{01}v \end{cases} \tag{4-24}$$

6 个系数需要 6 个方程进行求解，需要 3 个控制点的 3 对坐标值。二次多项式有 12 个系数，则需要 12 个方程 6 个控制点求解，依此类推，三次多项式至少需要 10 个控制点。那么对于 n 次多项式，控制点的数目至少为 $(n+1)(n+2)/2$ 个。另外，研究结果也显示，地面控制点数量的增加可以降低配准的误差（Bernstein et al., 1983）。在条件准许的情况下，应当选取多于最少控制点要求的控制点数目，以提高配准校正的精度。

一般的图像处理软件或地理信息类软件在配准完成后，都会计算 RMS，即均方根误差，以反映地面控制点的真实位置和计算位置（配准后位置）间的标准差。均方根误差以像元为单位，在东西和南北方向分别计算。在图像配准中，均方根误差通常控制在 1 个像元之内，以保证后续分析与处理结果的可靠性和真实性。

4.1.3　图像镶嵌

当研究区超过单幅图像所能覆盖的范围时，则需要将多幅图像拼接在一起，形成一幅大范围、无缝的、能够覆盖整个研究区图像的过程，称之为图像的镶嵌。图像镶嵌时，首先要指定一幅参考图像，作为镶嵌过程中对比度匹配以及镶嵌后输出图像的地理投影、像元大小和数据类型的参考；在重复覆盖区，各图像之间应有较高的配准精度，必要时要在图像之间利用控制点进行配准。一般而言，参与镶嵌的图像可以是不同时间同一传感器获取的，也可以是不同时间不同传感器获取的，但为了便于图像镶嵌，相邻图幅间应存在一定的重复区间。完成图像镶嵌需要注意以下两个关键点。其一，在几何上实现多幅不同图像的连接时不同时间同一传感器，以及不同时间不同传感器获得的待镶嵌图像，需要进行几何校正，校正到统一坐标系下，从而保证图像具有相同的几何位置并消除变形误差，以实现多幅图像的完整拼接。其二，图像获取时间不同，其太阳辐射、大气状况等情况也各有差异，使得相同地区在不同图像上的对比度和亮度值均有差异。为了保证拼接后图像反差一致，色调相近，消除接缝，还需要对其进行处理和匹配。实现图像镶嵌需要完成以下4 个步骤（赵英时等，2013；孙家抦等，2013）：

①进行图像的几何校正。

②进行镶嵌边的搜索：取图像重叠区 1/2 为镶嵌边，搜索最佳镶嵌边，即该边为左右图像上亮度值最接近的连线，相对左右图像有：

$$I_l - I_r = \Delta I_{\min} \tag{4-25}$$

最佳镶嵌边的搜索步骤为：选择 K 列 N 行的重叠区；确定一维模板，其宽度为 W，从 T 开始自左至右移动模板进行搜索，计算相关系数，确定该行镶嵌点，逐行进行搜索镶嵌点得到镶嵌边（图 4-19）。主要的算法包括差分法、相关系数法等。

③亮度和反差调整：除了进行图像计算外，还可以采用直方图及色彩亮度匹配实现图像的快速处理。直方图匹配是建立数学上的检索表转换一幅图像的直方图，使其和另一幅图像的直方图形状相似。彩色亮度匹配是将两幅要匹配的图像从彩色空间（RGB）变换为光强、色相和饱和度，然后用参考图像的光强替代要匹配图像的光强，再进行由 IHS 到 RGB 的彩色空间反变换。

④边界线平滑：总体来说，想要实现高精度的图像镶嵌是非常复杂的，不仅需要在镶嵌图像间选取控制点，还需要耗费大量时间和完成大量计算。随着遥感图像处理技术的快速发展及高分辨率遥感图像的广泛应用，图像镶嵌的自动化处理技术已经日渐成熟并得到推广，图像镶嵌的实现过程已经不再复杂。以 ENVI 软件为例，其提供了无缝镶嵌工具（seamless mosaic）和基于像素的图像镶嵌（pixel based mosaicking）两类工具，用户只要根据步骤逐级操作，无需了解具体的算法，就能够实现多幅图像的快速拼合（图 4-20）。

图 4-19　重叠区镶嵌搜索与模板

（a）待镶嵌的原始图像1

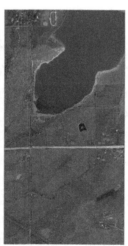
（b）待镶嵌的原始图像2

（c）镶嵌处理后的图像

图 4-20　图像镶嵌

（邓书斌等，2014）

4.1.4　图像统计

图像统计是图像预处理的一项基础工作，通过统计分析可以得到图像各波段最大值、最小值、平均值等基本信息，还可以获取波段间的方差、协方差矩阵以及各波段直方图等处理信息，为图像分析、信息挖掘提供必要的数据支撑。常用的图像统计内容包括以下方面：

（1）直方图

直方图即频率直方图，通过计算每个亮度值（DN）的像元数占图像总像元的百分比获得。直方图能够反映图像中值的分布范围以及分布形态，也能直观反映亮度的最大值、最小值、峰值等原始图像质量信息。

（2）单元统计

峰值：直方图曲线的最高点，是频率最高的亮度值，峰值具有不唯一性。

中值：位于频率分布上的中间位置，其左右两边分割面积相等。

均值：反映亮度的总体状态，是最普遍应用的描述各波段中心趋势、图像的算数平均值。当峰值偏离均值较远时，其分布称为非对称性分布；当峰值在均值右侧，称负非对称；当峰值在均值左侧，称为正非对称。

亮度值范围：反映图像中亮度值的离散程度，由每个波段中最大值和最小值之差求得。亮度值范围常在最大/最小对比度拉伸等图像增强功能中应用，是一项重要的统计值。

方差、标准差：前者是所有像元亮度值和均值之差的平均平方值，其平方根值即标准差，二者均可反映亮度值作为随机变量取值的离散程度。一般而言，标准差越小，图像像元亮度值越集中于某个中心值；反之，亮度值则越分散。

（3）多元统计

多元统计主要用来定量描述遥感图像各波段间的相关程度，包括协方差、相关系数、相关矩阵的内容。其中，协方差是图像中两波段像元亮度值和其各波段均值之差的乘积的平均值；相关系数则借由两波段间的协方差除以各波段标准差求得，其值在[-1, 1]范围内波动；相关矩阵主要用来反映两个随机变量间线性关系的密切程度。

4.2　图像增强

图像校正的主要目的是消除遥感数据在获取过程中产生的误差和畸变，使遥感器记录的数值更加接近地表真实信息。遥感图像增强则是为了特定的目的，突出遥感图像中的相关地物信息，消除某些不需要的信息，提高图像的视觉效果，使分析者更易于判读遥感图像内容，从而提取更有用的信息。图像增强的目的是增强感兴趣地物目标与周围背景信息之间的反差。图像增强按其作用一般分为光谱增强和空间增强两种类型（赵英时等，2013）。

（1）光谱增强

光谱增强主要针对的是图像中的像元，与像元的空间排列和结构无关，因此光谱增强又被称为点操作。光谱增强主要是对目标地物的光谱特征（如像元的对比度、波段之间的亮度比）进行增强和变化，包括对比度增强、各种指标提取、光谱转换等。

（2）空间增强

空间增强主要侧重于增强图像的空间特征，即考虑每个像元与周围相邻像元亮度之间的相互关系，从而使图像的空间几何特征(如边缘，目标物的形状、大小、线性特征等)突出或者降低。空间增强主要包括空间滤波、傅里叶变换，以及比例空间的各种变换(如小波变换)等。

4.2.1 对比度增强

遥感器记录的是来自地表的各个地物的反射和散射的辐射能量，由于地表变化差异较大，某些地物(如海洋)的辐射强度很低，而另一些地物(如积雪)的反射率又很高，因此遥感器的设计必须满足能够记录各种高低辐射能量的较大范围。当下大多数遥感显示系统采用8bit(0~255)，而较多的单幅图像亮度值一般都小于遥感器的记录范围。其有效亮度值区域未达到全部亮度值的范围，导致图像显示时的低对比度。此外，由于某些地物在可见光、近红外以及中红外具有相似的辐射强度，当具有相似辐射强度的地物在一幅遥感图像中比较集中时，同样也会导致图像中的对比度降低。

对比度增强实质是通过拉伸或压缩等手段，将遥感图像的亮度值范围变成系统显示的亮度范围，从而提高整个图像或局部区域的对比度。通过一定的函数转换，输入图像中每个像元的亮度值在输出图像中都有一个对应的显示值。

4.2.1.1 线性变换

为了提高图像质量，改善图像中地物的对比度，须改变图像中像元的亮度值，但这种改变需符合一定的数学规律，即运用一定的变换函数进行改变。如果变换函数是线性的或分段线性的，这种变换就是线性变换。线性变换是图像对比度增强中最常用的方法(梅安新等，2001)。

在进行线性变换时，变换前图像的亮度范围 x_a 为 a_1~a_2，变换后图像的亮度范围为 x_b 为 b_1~b_2，变换关系为直线，如图4-21(a)所示，则变换方程为：

$$\frac{x_b - b_1}{b_2 - b_1} = \frac{x_a - a_1}{a_2 - a_1} \qquad x_a \in [a_1, a_2], x_b \in [b_1, b_2] \tag{4-26}$$

则

$$x_b = \frac{b_2 - b_1}{a_2 - a_1}(x_a - a_1) + b_1 \tag{4-27}$$

通过式(4-27)可将图像中需要进行线性变换的任一 x_a 变换成 x_b，从而达到改善图像像元亮度范围、提高图像对比度的目的。通过调整4个参数 a_1, a_2, b_1, b_2，即可产生不同的变换效果。若 $a_2-a_1<b_2-b_1$，则亮度值范围扩大，图像被拉伸，若 $a_2-a_1>b_2-b_1$，则亮度值范围缩小，图像被压缩。

有时为了更好地改善图像中地物之间的对比度，需要在一些区域进行拉伸，而另一些区域进行压缩，这种变换称为分段线性变换。分段线性变换时，变换函数不同，在变换坐标系中成为折线，折线间断点的位置根据需要决定，如图4-21(b)所示。采用分段线性变换，从起点开始，间断点取作(0, 0)，(6, 2)，(11, 12)，(15, 15)共3段，从图4-21(b)可知，首末为压缩，中间为拉伸。根据线性变换方程可知每一段方程。

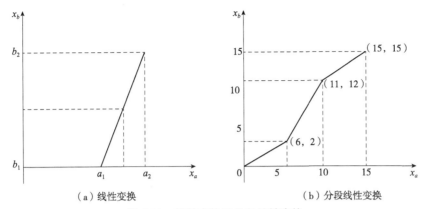

（a）线性变换　　　　　　　　　　　（b）分段线性变换

图 4-21　线性变换及分段线性变换

首位：

$$x_b = \frac{1}{3}x_a \qquad\qquad x_a \in [0,\ 6],\ x_b \in [0,\ 2] \qquad\qquad (4\text{-}28)$$

中段：

$$x_b = 2x_a - 10 \qquad\qquad x_a \in [6,\ 11],\ x_b \in [2,\ 12] \qquad\qquad (4\text{-}29)$$

末段：

$$x_b = \frac{3}{4}x_a + \frac{15}{4} \qquad x_a \in [11,\ 15],\ x_b \in [12,\ 15] \qquad\qquad (4\text{-}30)$$

计算结果表示方法见表 4-1。

表 4-1　分段线性变换前后亮度值变换情况对比表

变化前亮度值	0	1	2	3	4	5
变化后亮度值	0	2	3	4	4	5

这里，若计算结果出现小数，则采用四舍五入取整。一些图像处理软件自带自动处理功能，也可保留浮点型数据。从分段结果可以看出［图 4-21（b）］，第一、三段图像亮度值变小；在第二段，亮度间隔变大，由间隔 1 变为 2；通过该变换使得 6~11 这部分信息得到拉伸，为了说明原理，该图中的亮度值取 16 级，在实际图像变换过程中，大多亮度值取值范围在 0~255，变换时可用鼠标随意变换间断点的位置，屏幕则随时显示变换效果。

4.2.1.2　非线性变换

非线性变换是指变换函数为非线性。非线性变换函数较多，其中指数变换和对数变换是最常用的两种类型。指数变换和对数变换的变换函数如图 4-22 所示。指数变换的意义表示：在亮度值较高的部分，x_a 扩大亮度间隔，属于拉伸；在亮度值较低的部分，x_b 缩小亮度间隔，属于压缩，其数学表达式如下（梅安新等，2001）：

$$x_b = be^{ax_a} + c \qquad\qquad (4\text{-}31)$$

式中　a，b，c——可调参数，可改变指数函数曲线的形态，从而实现不同的拉伸比例。

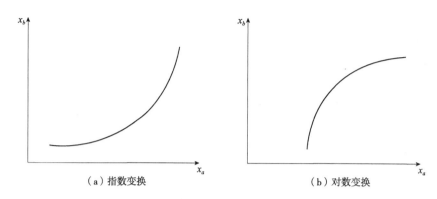

（a）指数变换　　　　　　　　　　　（b）对数变换

图 4-22　指数变换和对数变换

而与指数变换相反，对数变换在亮度值较低的区域进行数值拉伸，而在亮度值较高的区域进行数值压缩，其数学表达式如下。

$$x_b = b\lg(ax_a + 1) + c \tag{4-32}$$

式中　a，b，c——可调参数。

4.2.2　空间滤波

对比度变换的辐射增强是通过对图像中的单个像元进行数学运算，进而从整体上改善图像质量；空间滤波则是以重点突出图像上某些特征为目的，如突出感兴趣区或边缘。所以利用像元与周围相邻像元之间的关系，通过空间域中的邻域处理方法，也称为"空间滤波"。空间滤波是图像增强的一种方法，主要包括平滑和锐化。

4.2.2.1　图像卷积运算

图像卷积运算是在空间域上对图像进行局部检测运算，以达到平滑和锐化的目的。其具体步骤是首先选择一个卷积函数，又称为"模板"，也是 $M * N$ 的图像。二维卷积运算是在图像中利用模板来实现运算的(梅安新等，2001)。

运算方法如图 4-23 所示，从图像左上角开始选择一个与模板一样大小的活动窗口，图像中的样本窗口与对应模板像元的亮度值相乘再相加。假定模板大小为 $M * N$，图像窗口为 $\varphi(m, n)$，模板为 $t(m, n)$，则模板运算为：

$$r(i, j) = \sum_{m=1}^{M} \sum_{n=1}^{N} \varphi(m, n)\, t(m, n) \tag{4-33}$$

其计算结果 $r(i, j)$ 放在窗口中心的像元位置，作为新像元的灰度值。然后活动窗口向右移动一个像元，再按照以上公式将图像其他像元与模板做相同运算，计算结果同样放置在移动后的中心位置上，依次进行，逐行扫描，直到将整幅图像扫描完成，则生成一幅新的图像。例如以下数字图像，其亮度值大多数都小于 10，其中只有两个像元的亮度值为 15（"噪声"），利用 3 * 3 模板对该图像进行卷积运算，求出新的图像。

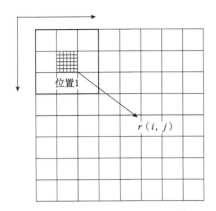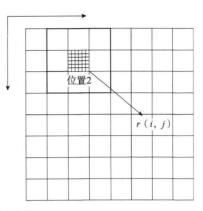

图 4-23　移动模板

（1）数字图像的亮度取值

4	3	7	6	8
2	15	8	9	9
5	8	9	13	10
7	9	12	15	11
8	11	10	14	13

（2）卷积核

$$\begin{pmatrix} \dfrac{1}{9} & \dfrac{1}{9} & \dfrac{1}{9} \\ \dfrac{1}{9} & \dfrac{1}{9} & \dfrac{1}{9} \\ \dfrac{1}{9} & \dfrac{1}{9} & \dfrac{1}{9} \end{pmatrix} \qquad (4\text{-}34)$$

（3）计算步骤

1/9×4+1/9×3+1/9×7+1/9×2+1/9×15+1/9×8+1/9×5+1/9×8+1/9×9＝61/9

1/9×3+1/9×7+1/9×6+1/9×15+1/9×8+1/9×9+1/9×8+1/9×9+1/9×13＝78/9

1/9×7+1/9×6+1/9×8+1/9×8+1/9×9+1/9×9+1/9×9+1/9×13+1/9×10＝79/9

1/9×2+1/9×15+1/9×8+1/9×5+1/9×8+1/9×9+1/9×7+1/9×9+1/9×12＝75/9

1/9×15+1/9×8+1/9×9+1/9×8+1/9×9+1/9×13+1/9×9+1/9×12+1/9×15＝98/9

1/9×8+1/9×9+1/9×9+1/9×9+1/9×13+1/9×10+1/9×12+1/9×15+1/9×11＝96/9

1/9×5+1/9×8+1/9×9+1/9×7+1/9×9+1/9×12+1/9×8+1/9×11+1/9×10＝79/9

1/9×8+1/9×9+1/9×13+1/9×9+1/9×12+1/9×15+1/9×11+1/9×10+1/9×14＝101/9

1/9×9+1/9×13+1/9×10+1/9×12+1/9×15+1/9×11+1/9×10+1/9×14+1/9×13＝107/9

(4)计算得到的新图像(取整后值)

6	8	8
8	10	10
8	11	11

4.2.2.2 平滑

当图像中存在一些亮度变化过大的区域，或存在亮点噪声时，则可以采用平滑的方法减少图像的变化，使图像中的亮度值变化变得平缓或消除图像中一些不必要的"噪声"点。具体方法如下：

(1)均值平滑

将图像中每个像元以其为中心的区域内取平均值来代替该像元值，以达到去除噪声和平滑图像的目的。当感兴趣区域的范围为 $M*N$ 时，求均值公式为：

$$r(i, j) = \frac{1}{MN}\sum_{m=1}^{M}\sum_{n=1}^{N}\varphi(m, n) \tag{4-35}$$

具体计算时常用3×3的模板做卷积运算，其模板为：

$$t(m, n) = \begin{pmatrix} \frac{1}{9} & \frac{1}{9} & \frac{1}{9} \\ \frac{1}{9} & \frac{1}{9} & \frac{1}{9} \\ \frac{1}{9} & \frac{1}{9} & \frac{1}{9} \end{pmatrix} \quad \text{或} \quad t(m, n) = \begin{pmatrix} \frac{1}{8} & \frac{1}{8} & \frac{1}{8} \\ \frac{1}{8} & 0 & \frac{1}{8} \\ \frac{1}{8} & \frac{1}{8} & \frac{1}{8} \end{pmatrix}$$

(2)中值滤波

将图像中每个像元以其为中心的邻域内取中心亮度值来代替该像元值，以达到消除噪声和平滑图像的目的。计算方法与模板卷积方法类似，也是利用移动窗口的方法进行扫描，$M*N$ 一般取奇数。

通常情况下，当图像亮度值呈阶梯状变化时，均值平滑效果较中值平滑更加显著，而对于图像中突出亮点的噪声干扰，从消除噪声后对原图像信息的保留程度来看，中值滤波的效果优于均值滤波。

4.2.2.3 锐化

为突显图像边缘、线状地物或某些亮度变化程度较大的图像信息，可利用锐化的方法。有时也可利用锐化直接提取出所需要的信息。锐化后的遥感图像将以边缘图像显示，原始图像中的信息将不再出现。常用的锐化的方法主要有以下几种：

(1)罗伯特梯度

罗伯特梯度常被用来表示相邻像元的亮度变化情况，遥感图像地物中如果出现湖泊、河流边界，山脉或道路等边缘信息，则边缘处会出现变化较大的梯度值。图像中亮度值比较平滑的区域，其梯度值也较小。所以，当发现梯度变化较大的区域时，也就发现了边缘，然后将边缘区域的像元值用不同的梯度计算值进行替换，从而突出边缘，实现图像锐化。

罗伯特梯度也可以近似地采用模板进行计算，其表达公式为：

$$|\mathrm{grad}f| \cong |t_1| + |t_2| \tag{4-36}$$

具体为：

$$|\mathrm{grad}f| \cong |f(i, j) - f(i + 1, j + 1)| + |f(i + 1, j) - f(i, j + 1)| \tag{4-37}$$

两个模板为：

$$t_1 = \begin{pmatrix} 1 & 0 \\ 0 & -1 \end{pmatrix} \qquad t_2 = \begin{pmatrix} 0 & -1 \\ 1 & 0 \end{pmatrix}$$

两个模板相当于两个模矩阵，罗伯特梯度的计算结果是用 t_1 模板进行卷积运算后取绝对值，再加上 t_2 模板进行卷积运算后的绝对值。计算出的梯度值放置在左上角的像元 $f(i, j)$ 的位置，成为 $r(i, j)$。罗伯特梯度算法的主要意义在于，采用交叉方法检测目标像元与其相邻像元在上下左右或倾斜等各个方向之间的异同，最后生成一幅梯度影像，从而实现获取边缘信息的目的。有时为了对主要边缘信息进行分析，需要将图像中的其他亮度差异区域淡化，采用设定正阈值的方法将图像梯度值较大的像元进行保留，以提高锐化后的图像质量。

（2）索伯尔梯度

索伯尔梯度是在罗伯特梯度的基础上改进的，其模板表达式为：

$$t_1 = \begin{pmatrix} 1 & 2 & 1 \\ 0 & 0 & 0 \\ -1 & -2 & -1 \end{pmatrix} \qquad t_2 = \begin{pmatrix} -1 & 0 & 1 \\ -2 & 0 & 2 \\ -1 & 0 & 1 \end{pmatrix}$$

与罗伯特梯度相比，索伯尔梯度对邻域点的关系进行了更好的分析，使得模板由 2 扩大到 3，从而使边缘像元更加精确。

（3）拉普拉斯算法

在模板卷积运算中，拉普拉斯算法的模板被定义为：

$$t(m, n) = \begin{pmatrix} 0 & 1 & 0 \\ 1 & -4 & 1 \\ 0 & 1 & 0 \end{pmatrix}, \quad \cdots, t(m, n) = \begin{pmatrix} 1 & 1 & 1 \\ 1 & -8 & 1 \\ 1 & 1 & 1 \end{pmatrix}$$

即目标像元上下左右 4 个相邻点的像元值相加再减去该像元值的 4/8 倍，将结果作为目标像元的新值。

拉普拉斯算法的意义与罗伯特梯度和索伯尔梯度完全不同，其侧重点不是进行图像均匀亮度的检测，而是检测变化率的变化率，相当于二阶微分。检测结果图像中亮度值突变的区域更加突出。

有时，也用原图像的值减去模板运算结果的整数倍，即：

$$r'(i, j) = f(i, j) - kr(i, j) \tag{4-38}$$

式中　$r(i, j)$——拉普拉斯运算结果；

　　$f(i, j)$——原图像；

k——正整数；

$r'(i, j)$——最终计算结果。

该方法的主要优点在于，其计算结果将原图像作为背景，同时在边缘处增强了对比度，使边界位置更加明显清晰。

(4) 定向检测

当沿着某一确定方向进行边、线或纹理特征检测时，需选取特定的模板卷积运算作定向检测。常用的有以下模板。

垂直边界检测时：

$$t(m, n) = \begin{pmatrix} -1 & 0 & 1 \\ -1 & 0 & 1 \\ -1 & 0 & 1 \end{pmatrix} \quad 或 \quad \begin{pmatrix} -1 & 2 & -1 \\ -1 & 2 & -1 \\ -1 & 2 & -1 \end{pmatrix}$$

水平边界检测时：

$$t(m, n) = \begin{pmatrix} -1 & -1 & -1 \\ 0 & 0 & 0 \\ 1 & 1 & 1 \end{pmatrix} \quad 或 \quad \begin{pmatrix} -1 & -1 & -1 \\ 2 & 2 & 2 \\ 1 & 1 & 1 \end{pmatrix}$$

对角线边界检测时：

$$t(m, n) = \begin{pmatrix} 0 & 1 & 1 \\ -1 & 0 & 1 \\ -1 & -1 & 0 \end{pmatrix}, \begin{pmatrix} 1 & 1 & 0 \\ 1 & 0 & -1 \\ 0 & -1 & -1 \end{pmatrix}, \begin{pmatrix} -1 & -1 & -2 \\ -1 & 2 & -1 \\ 2 & -1 & -1 \end{pmatrix}, \begin{pmatrix} 2 & -1 & -1 \\ -1 & 2 & -1 \\ -1 & -1 & 2 \end{pmatrix}$$

此外，用其他模板也可进行定向检测(梅安新等，2001；日本遥感研究会，2011)。下面对常见的 3×3 空间滤波作简单总结和并对其图像增强效果加以展示(表4-2、图4-24)。

表4-2 空间滤波说明

空间滤波	3 * 3 的算子		说明	效果
Sobel	$t_1 = \begin{pmatrix} 1 & 2 & 1 \\ 0 & 0 & 0 \\ -1 & -2 & -1 \end{pmatrix}$	$t_2 = \begin{pmatrix} -1 & 0 & 1 \\ -2 & 0 & 2 \\ -1 & 0 & 1 \end{pmatrix}$	非线性边缘增强滤波，是使用 Sobel 函数的近似值的特例	梯度(差分)
Prewitt	$t(m, n) = \begin{pmatrix} -1 & 0 & 1 \\ -1 & 0 & 1 \\ -1 & 0 & 1 \end{pmatrix}$	$t(m, n) = \begin{pmatrix} -1 & -1 & -1 \\ 0 & 0 & 0 \\ 1 & 1 & 1 \end{pmatrix}$	有目的地检测某一方向的边、线或纹理	梯度(差分)
拉普拉斯	$t(m, n) = \begin{pmatrix} 0 & 1 & 0 \\ 1 & -4 & 1 \\ 0 & 1 & 0 \end{pmatrix}$	$t(m, n) = \begin{pmatrix} 1 & 1 & 1 \\ 1 & -8 & 1 \\ 1 & 1 & 1 \end{pmatrix}$	边缘增强滤波，其运行不考虑边缘的方向；强调图像中的最大值，通过运用一个具有高中心值的变换核完成	微分

（续）

空间滤波	3 * 3 的算子	说明	效果
平滑	$t(m, n) = \begin{pmatrix} \frac{1}{9} & \frac{1}{9} & \frac{1}{9} \\ \frac{1}{9} & \frac{1}{9} & \frac{1}{9} \\ \frac{1}{9} & \frac{1}{9} & \frac{1}{9} \end{pmatrix}$ $t(m, n) = \begin{pmatrix} \frac{1}{8} & \frac{1}{8} & \frac{1}{8} \\ \frac{1}{8} & 0 & \frac{1}{8} \\ \frac{1}{8} & \frac{1}{8} & \frac{1}{8} \end{pmatrix}$	减小图像变化，亮度平缓	平滑化
中值滤波	使用被滤波器大小限定的临近区的中值代替每个中心的像元值。		噪声消除
高通滤波	$\begin{pmatrix} 0 & -1 & 0 \\ -1 & 5 & -1 \\ 0 & -1 & 0 \end{pmatrix}$ $\begin{pmatrix} -\frac{1}{9} & -\frac{1}{9} & -\frac{1}{9} \\ -\frac{1}{9} & \frac{8}{9} & -\frac{1}{9} \\ -\frac{1}{9} & -\frac{1}{9} & -\frac{1}{9} \end{pmatrix}$	保持图像高频信息的同时，消除低频成分，用来增强纹理、边缘等	边缘增强
Roberts	$t_1 = \begin{pmatrix} 1 & 0 \\ 0 & -1 \end{pmatrix}$ $t_2 = \begin{pmatrix} 0 & -1 \\ 1 & 0 \end{pmatrix}$	非线性边缘探测滤波，使用 Roberts 函数预设 2 * 2 近似值的特例，是一个简单的二维空间差分方法	边缘锐化和分离

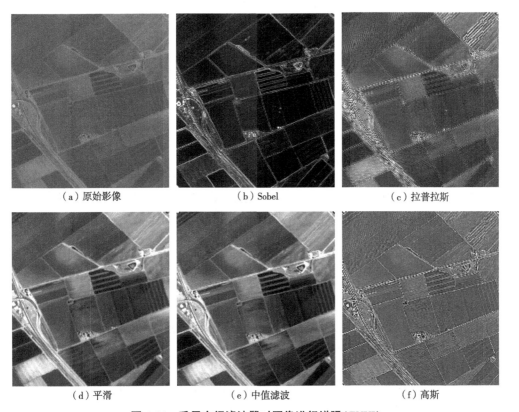

（a）原始影像　　　　　　（b）Sobel　　　　　　（c）拉普拉斯

（d）平滑　　　　　　（e）中值滤波　　　　　　（f）高斯

图 4-24　采用空间滤波器对图像进行增强（ENVI）

4.2.3 图像运算

完成空间配准的两幅或多幅单波段图像通过一系列运算，进行某些参数因子的提取去除图像中的不必要信息或噪声来实现图像增强（梅安新等，2001；尹占娥，2008）。

4.2.3.1 差值运算

差值运算是指将两幅具有相同行列数的图像中对应像元的亮度值进行相减，即：

$$f_D(x, y) = f_1(x, y) - f_2(x, y) \tag{4-39}$$

通过对两个波段的图像进行差值运算后，结果主要用来反映同一地物波谱反射率之间的差。不同地物在遥感图像中的反射率是不相同的，通过对不同的两个波段亮度值进行相减，差值变化大的地物则会凸显出来。例如，绿色植被在近红外和红波段的反射率存在明显差别，当用近红外波段减去红波段，相减后的差值很大，而土壤和水体在近红外和红波段的反射率差别很小，因此相减后的图像可以将植被信息表示出来。如果不进行相减，植被和土壤在近红外波段上很难区分；同样植被和水体在红波段上难以区别。因此，对图像进行差值运算，可以对目标地物与背景反差较小的信息进行提取，如积雪覆盖区、青藏高原界线特征、海岸带潮汐线等。

差值运算常用于研究同一地区不同时相的动态变化，如监测森林发生前后的变化和过火面积的计算、监测洪涝灾害发生前后的水域变化、监测不同年份的城市扩张情况以及侵占农田的比例等。

4.2.3.2 比值运算

比值运算是指将两幅具有相同行列数的图像中对应像元的亮度值进行相除（除数不为0），即：

$$f_D(x, y) = \frac{f_1(x, y)}{f_2(x, y)} \tag{4-40}$$

比值运算用以判断波段的斜率信息并加以扩展，通过突显不同波段间地物的波谱特征差异来增强图像的对比度。该运算常用于突出遥感图像中的植被特征、提取植被类别或估算植被生物量（图4-25）。这种算法的结果称为植被指数，常用算法：

$$NDVI = \frac{\rho_{NIR} - \rho_{RED}}{\rho_{NIR} + \rho_{RED}} \tag{4-41}$$

例如，TM4/TM3，AVHRR2/AVHRR1，（TM4 − TM3）/（TM4 + TM3），（AVHRR2 − AVHRR1）/（AVHRR2+AVHRR1）等。

比值运算能够有效消除地形的影响。由于受到地形起伏和太阳倾斜照射作用的影响，阳坡和阴坡在遥感图像上的亮度有很大的区别，同一地物在阳坡和阴坡的亮度完全不同，因而在进行计算机分类时，很难进行精确识别。由于地形是产生阴影的主要原因，因此可以利用比值运算消除地形因素影响，使阳坡和阴坡都只与地物波谱反射率的比值有关。

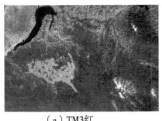  

（a）TM3红 　　　　　　（b）TM4近红外 　　　　　　（c）NDVI

图 4-25　Landsat TM 图像的归一化植被指数

比值运算还可应用于其他多方面的研究，例如，可进行浅水区的水下地形研究，对土壤富水性差异、微地貌变化、地球化学反应引起的微小波谱变化等都可进行监测。

4.2.4　图像融合

4.2.4.1　图像融合概述

近年来，遥感技术发展迅速，不同类型传感器以及多时相、多分辨率、多极化、多波段的遥感图像得到广泛应用，在各行各业发挥着重要作用。但是，单一传感器的遥感图像由于受成像原理和技术条件等限制，其所蕴含的图像信息有限，不能全面反映目标特征，难以满足实际生产生活需要。若将多种遥感平台、多时相数据以及遥感和非遥感数据进行信息组合和匹配，实现不同数据源的优势互补，发挥不同数据源各自优势，取长补短，则可以弥补这一缺憾；在全面反映目标地物特征的同时，为信息解译和处理分析提供更可靠的数据来源。图像融合的概念由此而生，简单地说，图像融合是指多源遥感图像按照一定的算法，在规定的地理坐标系生产新图像的过程。值得一提的是，随着遥感技术的进步，遥感与非遥感数据，如气象、水文、地球化学、DEM 等的综合应用也越发广泛，突破了早期仅限于数据配准和叠置带来的目视效果改善，图像融合技术也有了新的变化和发展。具体而言，图像融合指的是，对多传感器的图像数据和其他信息的处理过程，其核心在于，将空间和时间上冗余及互补的多源数据，按照一定的算法进行处理，以便获取比任意单一数据更精准、更丰富的信息，生产具有新空间特征、波谱特征、时间特征的合成图像。

图像融合技术功能强大。通过融合处理，可以提高图像的空间分辨率，获得更优质的视觉效果；能够在增强专题特征的识别力，消除并抑制无关信息的同时，突出有用信息，增强解译的精准性，提高分类的准确度；另外，融合处理还可以应用于变化监测，对图像数据存在的缺陷进行替代和修补，对提高图像可读性、完善可使用性方面都能发挥积极作用。

4.2.4.2　图像融合类型

图像融合的类型包括像元级、特征级和决策级 3 个层级（赵英时等，2013）。

①像元级（pixel）：像元级的图像融合是在像元基础上对不同图像信息的综合，是在原始图像基础上、像元一一对应的前提下，实现各物理参数的合并。像元级的融合能够保留

数据原始的真实感，融合层次最低也最为微观，对反馈图像细节等优势明显，因此应用也最为广泛。

②特征级（feature）：特征指的是目标地物的几何特征和波谱特征。通过对数据源空间结构和波谱特征信息的提取，对图像进行特征层的融合。基于特征级的图像融合并不强调像元的对应关系，其更注重空间结构和波谱信息的关联处理。相对于像元级别的逐一运算，该类融合的针对性强、数据处理量较小、效率较高。当然，特征提取也会导致部分信息的丢失。

③决策级（decision level）：决策级的图像融合是在特征提取和识别后的图像融合，是一种最高层次的、高灵活性的、以获取决策信息为目标的融合方法。

4.2.4.3　图像融合的关键技术

数据配准和融合方法的选择是图像融合的关键。其中，数据配准包括空间配准和数据关联两个部分。精确的空间配准以实现同一区域不同图像数据地理坐标的统一，是实现融合的前提；数据关联主要为使多源数据具有统一的数据结构，方便数据存储、表达和使用，以保证融合数据的一致性。另外，由于融合的方法十分丰富，使用条件和反馈结果也各有差异，因此，应当根据基础数据和应用要求合理进行处理方法的选择。根据赵英时等（2013）的分类，按照大类可将其分为：彩色技术（包括彩色变换和图像变换）和数学方法（包括代数运算、基于统计的分析方法和非线性方法）（图4-26）；也可将其分为光谱域处理方法、空间域处理方法以及代数运算方法（Chavez et al.，1991；Wald et al.，1997；Carter，1998）。

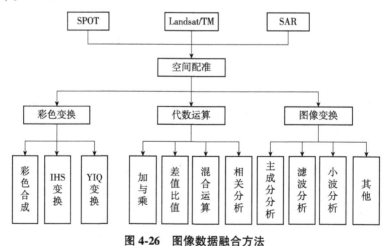

图4-26　图像数据融合方法

4.2.4.4　图像融合的方法

（1）光谱域处理方法

这种方法适用于相同传感器低分辨率多波段与高分辨率全色波段的数据融合，主要是把多光谱转换到光谱数据空间，在找到与全色波段相关性最高的波段后，将其分配到高分辨率的全色波段上。

①彩色变换技术(IHS)：一般，彩色的数字表达包括 RGB 三原色坐标系统和 IHS 显色坐标系统(I：明度，色彩的亮度；H：色调，红、黄、绿、蓝、紫 5 种基本颜色特性；S：饱和度、色彩的纯度)两种类型。IHS 彩色变换指的就是将标准 RGB 分离为，代表空间信息的明度(I)、代表波谱信息的色调(H)和饱和度(S)。其转换公式为：

$$I = R + G + B \tag{4-42}$$

$$H = (G - B)/(I - 3B) \tag{4-43}$$

$$S = (I - 3B)/I \tag{4-44}$$

式中　$0<H<1$ 扩展到 $1<H<3$。

一般可以采用直接法和替代法来实现 IHS 变换。直接法就是将 3 波段图像直接变换到指定的 IHS 空间。采用替代法进行 IHS 变换时，首先进行数据准备，即将待融合图像与多光谱图像进行几何配准并重采样，然后将多光谱图像转换到 IHS 空间，再将全色图像 I′和 IHS 空间的亮度分量 I 进行增强后(直方图匹配)替代，最后将替代结果 I′HS 逆变换回 RGB 空间，得到融合图像。

②主成分变换技术(principal component analysis，PCA)：是一种常见的数学算法，能够提取海量数据中的主要部分，分离并去除冗余信息，应用十分广泛。在图像增强、数据压缩、图像融合、变化检测等方面都十分有效。主成分变换也称 K-L 变换，在数据融合中，包含两种处理类型：一种是用高分辨率图像来替代多波段图像的第一主成分；另一种是对所有待融合的多种遥感数据进行主成分变换。

(2)空间域处理方法

空间域处理是一种通过提取高分辨率图像的高频变换信息，再将其引入到低分辨率多光谱影像的图像融合方法。比较具有代表性的空间域处理方法有高通滤波技术(HPF)、Ranchin 和 Wald 提出的 ARSIS 技术等。

(3)代数运算方法

该方法主要是对图像像元进行处理，计算多光谱图像中 3 个波段的波谱信息比例，用高分辨率图像代替其中的某个波段，实现图像的融合。

①乘积变换：将多光谱像元与高分辨率图像的像元相乘，使得其亮度成分得到增加。计算结果是一种组合亮度，可以通过使用权重恢复各波段的亮度近似值，公式如下：

$$DB_i = D \cdot B_i \tag{4-45}$$

式中　B_i——多光谱图像，$i=1，2，3$；

　　　D——高分辨率图像；

　　　DB_i——融合结果，$i=1，2，3$。

②比值变换：比值变换可以增加图像两端的对比度。计算公式如下：

$$[B_1/(B_1 + B_2 + B_3)] D = DB_1 \tag{4-46}$$

$$[B_2/(B_1 + B_2 + B_3)] D = DB_2 \tag{4-47}$$

$$[B_3/(B_1 + B_2 + B_3)] D = DB_3 \tag{4-48}$$

式中　B_i——多光谱图像，$i=1，2，3$；

　　　　D——高分辨率图像；

　　　　DB_i——融合结果，$i=1，2，3$。

　　③Brovey 变换：Brovery 变换的核心在于计算高分辨率图像亮度的波段替换比例。将 RGB 图像中每个波段都乘以高分辨率数据与 RGB 图像波段总和的比值，通过代数运算，实现图像的融合(图 4-27)，最后采用插值方法(最邻近、双线性或三次卷积)将 RGB 的 3 个波段重采样到高分辨率像元尺寸，完成图像融合。变换图像波谱信息保持较好，但变换受到波段的限制。

（a）待融合的SPOT影像　　（b）待融合的TM影像　　（c）Brovey融合效果　　（d）PCA融合效果

图 4-27　图像融合

4.2.4.5　图像融合效果评价

　　图像融合完成后，对融合结果进行评价是必要而复杂的。必要，是因为融合结果常被用作下一步的数据源，为分类、变化检测等后续处理服务，其效果好坏将直接影响后续工作的开展；复杂，是由于融合过程往往涉及多种数据源，在融合过程中还涉及多种融合方法的选择，由此可能出现不同的融合结果，如何对其进行评判也就存在复杂性。

　　图像融合效果的评价方法较多，从大类来分，包括定性评价和定量评价两类。其中，定性评价是以目视解译为核心，一般根据图像融合前后的状态比对进行评判。但目视解译的把控标准因人而异，因此其主观性较大。定量评价主要借助数学模型，通过统计方法评判融合质量。一般从包含的信息量、结果的清晰度以及图像的偏离度等 3 个方面对其进行数量评价(赵英时等，2013)。

　　(1)信息量评价

　　增加有效信息量是图像融合的主要目的，那么对信息量进行评价，则可以有效地反映融合效果的优劣。信息量评价通常借助信息熵和最佳指数进行判断。

　　①信息熵：信息熵原属于热力学范畴，用以表示系统均衡性和复杂性。一般根据信息熵和联合熵的方法，求取信息量大小。熵值越大，信息越丰富。

　　根据香侬信息熵原理，一幅 8bit 的图像 x 的熵为：

$$H(x) = -\sum_{i=0}^{255} P_i \log_2 P_i \tag{4-49}$$

式中　P——图像像元灰度值为 i 的分布概率；

　　　　x——输入图像变量。

2~4 波段图像的联合熵为：

$$H(x_1,\ x_2,\ x_3,\ x_4) = -\sum_{i_1,\ i_2,\ \cdots,\ i_4=0}^{255} P_{i_1,\ i_2,\ \cdots,\ i_4} \log_2 P_{i_1,\ i_2,\ \cdots,\ i_4} \tag{4-50}$$

式中　$P_{i_1,i_2,\cdots,i_4}$——图像 $x_{1\sim4}$ 像元灰度为 $i_{1\sim4}$ 的联合概率。

②最佳指数：是美国学者 Chavez 等于 1984 年提出的，一般而言，该值越大表示的信息量越大。公式如下：

$$OIF = \sum_{i=1}^{3} \sigma_i \Big/ \sum_{j=1}^{3} |R_{ij}| \tag{4-51}$$

式中　i——第 i 波段标准差；

　　　R_{ij}——i，j 波段相关系数。

(2)清晰度评价

清晰度评价方法较多，包括反映图像微小细节反差和纹理变化特征的梯度、平均梯度，反映区域平均亮度的局部均值，以及反映区域细节信号丰富度的方差，除此之外，空间频率、图像对比度等也可用来反映图像清晰度。

以平均梯度为例，其公式为：

$$\bar{g} = \frac{1}{(M-1)(N-1)} \sum_{i=1}^{M-1} \sum_{j=1}^{N-1} \sqrt{\frac{[D(i,\ j) - D(i+1,\ j)^2] + [D(i,\ j) - D(i,\ j+1)^2]}{2}} \tag{4-52}$$

式中　$\bar{g}$——平均梯度，值越大，表示图像越清晰，图像质量越好；

　　　M，N——图像的总行列数；

　　　$D(i,\ j)$——图像 i 行 j 列的灰度值。

(3)逼真度评价

逼真度可借助偏差指数、相关系数、均值偏差、归一化均方根误差值等进行评价。逼真度评价主要用以反映融合图像与原图像的偏离水平。

以相关系数为例，其公式为：

$$r = \frac{\sum_{i=0}^{M-1} \sum_{j=0}^{N-1} \big\{ [s_a(i,\ j) - e_a] \cdot [s_b(i,\ j) - e_b] \big\}}{\sqrt{\sum_{i=0}^{M-1} \sum_{j=0}^{N-1} \big\{ [s_a(i,\ j) - e_a]^2 \cdot \sum_{i=0}^{M-1} \sum_{j=0}^{N-1} [s_b(i,\ j) - e_b]^2 \big\}}} \tag{4-53}$$

式中　r——相关系数；

　　　M，N——图像的总行列数；

　　　s_a，s_b——原始及融合图像在的灰度值；

　　　e——图像的均值。

一般，r 值越大，表示相对偏差越小，图像的偏离度越小。

4.3　图像变换

遥感多光谱影像，例如，陆地卫星的 TM 传感器，其波段数目多，所包含的信息量大，有助于我们进行遥感图像的解译。但是在图像处理过程中，由于数据量大，除需占用大量的存储空间外，还需要耗费大量的时间和精力进行处理。由于多光谱图像的各个波段之间存在不同程度的相关性和数据冗余，在实际应用中，可对图像进行变换处理后再作他用。造成图像中各波段之间存在相关性的原因主要是由以下因素结合产生。

①地物波谱反射相关性：例如，植被在整个可见光波段的反射率都比较低，因此植被在可见光波段形成相似的特征值。

②地形：地表阴影区在所有太阳光反射波段上都是相同的，在山区和低太阳角时，地形阴影是图像的主要组成。这一现象导致了太阳反射波谱区内波段与波段之间的相关性，但这种相关性在热红外波段变化差异很大。

③遥感器波段之间的重叠：理想状态下，这种情况在遥感器设计时会尽可能减少，但是仍无法避免。

如果图像各波段之间存在高度相关性，那么对所有波段进行分析研究是没有现实意义的。多光谱变换可利用相关函数变换，保留图像中的主要信息，降低数据量，增强或提取图像中的有用信息。多光谱变换的实质是通过对遥感图像进行线性变换，使多光谱空间按照一定的规律进行旋转。

4.3.1　主成分分析

主成分分析（principal components analysis，PCA）又称 K-L 变换，是一种去除波段之间多余信息，将多波段图像信息压缩到比原波段更有效的少数几个转换波段的方法。即利用各波段之间的相互关系，在尽可能不丢失信息的前提下，用几个综合波段代表多波段的原图像，使处理的数据量减少（梅安新等，2001；赵英时等，2013；日本遥感研究会，2011）。其表达式为：

$$Y = AX \tag{4-54}$$

式中　Y——变换后的主分量空间的像元矢量；

　　　A——变换矩阵；

　　　X——变换前的多光谱空间的像元矢量。

其表达式也可写作：

$$
\begin{pmatrix} y_1 \\ y_2 \\ \vdots \\ y_i \\ \vdots \\ y_n \end{pmatrix} = \begin{pmatrix} \varphi_{11} & \varphi_{12} & \cdots & \varphi_{1n} \\ \varphi_{21} & \varphi_{22} & \cdots & \varphi_{2n} \\ \vdots & \vdots & \varphi_{ij} & \vdots \\ \varphi_{n1} & \varphi_{n2} & \cdots & \varphi_{nn} \end{pmatrix} \cdot \begin{pmatrix} x_1 \\ x_2 \\ \vdots \\ x_i \\ \vdots \\ x_n \end{pmatrix} \tag{4-55}
$$

对图像中的每一像元矢量逐个乘以矩阵 A，得到新图像中的每个像元矢量。矩阵 A 的作用是赋予多波段的像元亮度加权系数，实现线性变换。变换之前，各波段之间存在较强的相关性，经过 K-L 变换组合，输出图像 Y 的各个分量 y_i 之间的相关性较小。

从几何意义看，变换后与变换前的主分量坐标系相比多光谱空间坐标系进行了旋转，且新坐标的坐标轴一定指向了信息量较大的那个方向，如图 4-28 所示。

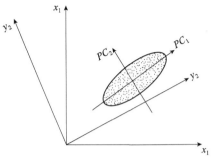

在主成分分析中，变换前后变量的总方差是相等的，但是新变量的方差进行了重新的分配，其中第一主变量占主要的方差量，其他变量占次要方差量。在主成分分析中，由于各主成分由各波段协方差矩阵的特征向量为加权系数的线性组合而成，所以首先要计算各波段之间的协方差矩阵，然后求出协方差矩阵的

图 4-28　主成分变换的几何意义

特征值和特征向量。对于存在几个波段的遥感图像，用 λ_p 代表第 p 个波段的特征值（$p = 1，2，\cdots，n$），则各主成分中所包含的原数据总方差的百分比（$\%_p$）可表示为：

$$\%_p = \frac{\lambda_p \cdot 100}{\sum\limits_{i=1}^{n} \lambda_p} \tag{4-56}$$

如果所有特征值的总和 $\sum \lambda_p$ 是 200，第一特征（λ_1）是 160，则第一主成分包含了所有波段中 80% 的方差信息。

用 α_{kp} 代表第 k 波段和第 p 波段主成分之间的特征向量，则第 k 波段和第 p 波段主成分之间的相关系数 R_{kp}，可表示为：

$$R_{kp} = \frac{\alpha_{kp} \cdot \sqrt{\lambda_p}}{\sqrt{V_{\alpha_{rk}}}} \tag{4-57}$$

式中　$V_{\alpha_{rk}}$——第 k 波段的方差。

通常情况各个波段和第一主成分的相关系数最高，和后边主成分的相关系数则逐渐减小。所以在实际应用中，例如，对 TM 进行主成分分析，一般前 3 个主成分可能就包含了 95% 以上的信息，而后面的主成分绝大多数是噪声，难以提供有用信息（图 4-29）。主成分

（a）原始影像（Landsat TM）

（c）第 1、2、3 主成分的 RGB 显示

（b）主成分分析特征值（ENVI）

（d）第 4、5、6 主成分的 RGB 显示

（e）第 1 主成分显示

（f）第 6 主成分的噪点

图 4-29　主成分的彩色合成图像

分析能够有效进行数据量的压缩，因而一些图像分类和增强处理可以在主成分图像中进行操作，以节约数据处理时间。

4.3.2 缨帽变换

1976 年，Kauth 和 Thomas 在利用 MSS 数据进行农作物生长研究时，发现 MSS 图像 DN 值的散点图具有一定的连续性，如一个三角形的分布存在于第 2 和第 4 波段之间。伴随农作物生长，这个分布呈现类似"缨帽"的形状和一个被称为"土壤面"的底部。农作物生长过程中，作物像元值集中在缨帽区域，而农作物成熟或凋零后，像元值又移到土壤面。他们利用线性变换将 4 个波段的 MSS 进行转换产生 4 个新轴，分别定义为由非植被特性决定的土壤亮度指数（soil brightness），与土壤亮度轴互相垂直、由植被特性决定的绿度指数（greenness），以及黄度指数（yellow stuff）和噪声（non-such），后者一般指大气状况。将这种变换称为缨帽变换（tasseled cap transform）（赵英时等，2013）。

缨帽变换又称 K-T 变换，也是一种线性组合变换，其变换公式为：

$$Y = BX \tag{4-58}$$

式中　Y——变换后的新坐标空间的像元矢量；

　　　B——变换矩阵；

　　　X——变换前的多光谱空间的像元矢量。

缨帽变换主要针对 TM 数据和 MSS 数据，它利用植被和土壤在多光谱空间中的特征，扩大了 TM 影像在农业方面的应用研究，产生了深远的意义和影响。在以上公式中，矩阵 B 在 TM 和 MSS 中是不同的。1984 年，Crist 和 Cicine 提出 TM 数据在缨帽变换时的 B 值：

$$B = \begin{bmatrix} 0.3037 & 0.2793 & 0.4743 & 0.5585 & 0.5082 & 0.1863 \\ -0.2848 & -0.2435 & -0.5436 & 0.7243 & 0.0840 & -0.1800 \\ 0.1509 & 0.1973 & 0.3279 & 0.3406 & -0.7112 & -0.4572 \\ -0.8242 & -0.0849 & 0.4392 & -0.0580 & 0.2012 & -0.2768 \\ -0.3280 & -0.0549 & 0.1075 & 0.1855 & -0.4357 & 0.8085 \\ 0.1084 & -0.9022 & 0.4120 & 0.0573 & -0.0251 & 0.0238 \end{bmatrix}$$

矩阵为 6×6，主要针对 TM 的第 1~5 波段和第 7 波段，其中第 6 波段（热红外波段）不予考虑，B 与矢量 X 相乘后 6 个新的分量 Y，其中，$X = (x_1, x_2, \cdots, x_6)^T$，$Y = (y_1, y_2, \cdots, y_6)^T$。研究表明，新分量中的前 3 个分量与地表景物的关系密切。

y_1 为亮度，是 TM 中 6 个波段的加权和，表示图像整体的反射值。y_2 为绿度，从变换矩 B 的第 2 行系数可知，波长较长的红外波段 5 和红外波段 7 存在很明显的抵消，剩下的 4 与 1、2、3 波段，刚好是近红外与可见光部分的差值，反映绿色生物量的特征。y_3 为湿度，反映可见光与近红外波段 1~4 和波长较长的 5、7 波段的差值，而 5、7 波段对土壤湿度和植被湿度最为敏感，易于反映湿度特征。而 y_4、y_5、y_6 与地物并不存在明显的对应关系，所以缨帽变换只取前 3 个分量，与此同时也进行了数据压缩。

为了进一步研究农作物生长过程中植被与土壤之间的相互关系，将亮度 y_1 与绿度 y_2 进行组合，产生的二维平面称为"植被视面"，将湿度 y_3 与亮度 y_1 的平面称为"土壤视面"，将绿度 y_2 和湿度 y_3 组成的平面称为"过渡区视面"。这 3 个分量共同构成一个新的三维空间，便于进行植被和土壤特征的更进一步研究(梅安新等，2001)。

缨帽变换是一种特殊的主成分变换，但与主成分分析不同的是，缨帽变换的转换关系是固定的，所以它由单个图像组成，且不同图像之间产生的图像亮度和绿度之间是可以进行互相比较的。随着植被的生长，绿度图像上的信息更加明显，相反，图像亮度的信息逐渐减弱；当植被成熟或开始凋落时，绿度图像的信息则会减少，而黄度图像的信息明显增强。这种解释可以应用于不同区域的不同作物，但是缨帽变换无法包含一些不是绿色的植被和不同土壤类别的信息。一般而言，缨帽变换可以进行植被和土壤的区分，但是缨帽变换对遥感器的依赖性很强，也就是说，不同的遥感器缨帽变换的转换系数是不相同的。

4.3.3　彩色变换

对于黑白亮度的分辨程度，人眼最高只能达到 10 个亮度级，而对于彩色遥感图像，人眼的分辨能力则会更高。仅从色别角度考虑，人眼可以识别出上百种颜色；如果再从饱和度和亮度等多个角度考虑，人眼对于彩色差异的识别级数比黑白差异的级数更高。为了充分利用色彩在遥感图像中的优点，使得从遥感器中获取的遥感数据更加直观清晰，通常需要借助色彩显示技术进行遥感数据表达。彩色显示主要有两种表示方法：一种是将多波段遥感图像分别赋予一种原色的彩色合成法；另一种是对灰度遥感图像的灰阶赋予颜色的假彩色表示方法(尹占娥，2008；日本遥感研究会，2011)。

4.3.3.1　彩色合成

从视角角度分析，单波段的光谱与单一色彩互相对应。例如，对于波长范围为 0.62~0.76μm 的光谱，在视角上呈红色；而波长范围为 0.50~0.56μm 的光谱则呈绿色。但是眼睛对于光谱的识别仍然存在一定的局限，如果把 0.7μm 的红光和 0.54μm 的绿光按照一定比例进行混合叠加，视觉上会出现如同 0.57μm 黄光呈现的黄色，使得无法准确识别哪种是单色黄光(0.57μm)，哪种是红光和绿光混合产生的黄光。这一现象表明，对于眼睛来说，光对于色存在一一对应的关系，相反色对于光并不存在一一对应关系。将不同波长的光谱按照一定比例混合，可以产生不同的色彩，即用少数几种光色合成更多的色彩，所以色彩合成就是根据视觉效果，利用三种基本色光按一定比例混合叠加而产生各种色彩的过程。

从多波段的遥感图像中选取三个波段，分别赋予三原色进行合成。由于三原色的对应方式不同，可以得到不同的色彩合成图像。三原色的合成方法主要包括两种：一种是通过CRT 显示器形成红、绿、蓝三原色光源的加色法；另一种是使用彩色印刷颜料，如青、品红、黄三原色的减色法(图 4-30)。

在基于红、绿、蓝的滤光片拍摄产生的 3 张多波段遥感图像中，如果图像合成过程中采用的三原色滤光片相同，则得到的合成图像颜色与天然色非常接近，通常将这种合成方法称为真彩色

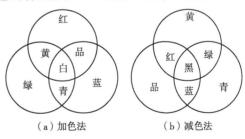

（a）加色法　　　　　（b）减色法

图 4-30　色彩合成方法：加色法和减色法

合成。然而大多数的遥感图像的拍摄会超出三原色的波长范围，因为利用这种合成方法所产生的遥感图像不是天然色彩，将该方法称为假彩色合成。在遥感应用中，通常将近红外波段赋予红色，红波段赋予绿色，绿波段赋予蓝色，将这种彩色合成方法称为红外彩色合成，且合成的遥感图像结果中植被呈红色。此外，将近红外波段和红波段的颜色互换，则合成的遥感图像中植被显示为绿色。

彩色合成方法常用于从不同遥感器获取的图像显示。例如，将具有高空间分辨率的黑白图像和低空间分辨率的多波段图像进行彩色合成，其合成的图像既具有较高的空间分辨率，也包含多波段的信息，结果将有助于遥感信息的判读。

4.3.3.2 伪彩色显示

把一张黑白遥感图像的亮度划分为若干等级，对每个等级分别赋予不同的颜色，使其产生一幅彩色图像，将这种方法称为伪彩色显示法。该方法也称为密度分割，是指按照密度对图像进行分层，给每一层分别进行赋值，每一层所包含的亮度值范围可以不同，再用不同的颜色将每一层的值进行替换，最后产生一幅彩色图像。在理论上，可完全借助计算机将256层的黑白亮度赋予256种颜色。

根据一定的目的，将黑白单波段的遥感图像进行分层并赋予不同颜色，如果分层结果与地物波谱之间如果存在一定的对应关系，则可对地物类型进行区分。例如，水体在红外波段的遥感图像中近似黑色，主要是因为水体具有很强的吸收性，所以合理选择亮度值较低的点作为阈值并赋予颜色，可将水体从图像中提取出来。同理，积雪具有较高的反射率，选择亮度值较高的点作为阈值，也可将积雪从图像中进行识别。所以，通过了解地物的波谱特征，就可以得到较好的地物类别图像。当地物波谱特征在遥感图像中并不突出时，则可通过对每一层亮度值赋色来得到彩色图像，其目视结果较黑白图像更好。

4.3.4 傅里叶变换

光学遥感影像或遥感数字图像通常以空间域的形式表达，是空间坐标(x, y)的函数。此外遥感图像还可以用频率域的形式表达，这时图像是频率坐标(ν_x, ν_y)的函数，表示为$F(\nu_x, \nu_y)$。通常，将图像从空间域转换为频率域时采用傅里叶变换，反之则采用傅里叶逆变换。频率域的变换主要针对的是整幅图像，通过傅里叶变换，一幅遥感图像可分割成不同频率上的成分的线性组合(图4-31)。

采用傅里叶之积反映频率域的滤波，即：

$$G(\xi, \eta) = F(\xi, \eta) \cdot H(\xi, \eta) \tag{4-59}$$

式中　　G——输出图像的傅里叶变换；

　　　　F——源图像的傅里叶变换；

　　　　H——滤波函数。

傅里叶变换是利用正弦和余弦的曲线值在不同振幅、不同频率和周期的变化，对图像中可能出现的每个频率进行组合。将一幅遥感图像分解为频率空间组分后，就可以将其显示在一个二维的散度图(通常被称为傅里叶谱)上。

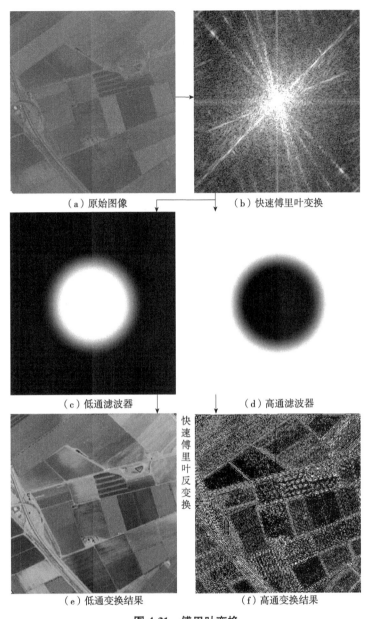

（a）原始图像　　　　　　　　　　（b）快速傅里叶变换

（c）低通滤波器　　　　　　　　　　（d）高通滤波器

快速傅里叶反变换

（e）低通变换结果　　　　　　　　　（f）高通变换结果

图 4-31　傅里叶变换

推荐阅读

卫星遥感及图像处理平台发展。

扫码阅读

思考题

1. 地面控制点对几何校正影响显著，那么应当如何选择地面控制点？

2. 图像预处理主要包含哪些内容？

3. 根据下图分别采用罗伯特梯度和索伯尔梯度提取边缘（计算前原图像的上下左右各加一行一列，亮度与相邻亮度值相同）。

24	31	17	61	28
5	15	83	91	19
3	18	19	13	10
33	10	22	35	31
22	11	30	64	73

4. 结合 RS 和 GIS 发展情况，谈谈你对遥感和非遥感信息融合的认识。

5. 查阅资料，简述植被指数模型有哪些？

参考文献

邓书斌，2014. ENVI 遥感图像处理方法[M]. 2 版. 北京：高等教育出版社.

梅安新，2001. 遥感导论[M]. 北京：高等教育出版社.

日本遥感研究会，2011. 遥感精解[M]. 2 版. 刘勇卫，等译. 北京：测绘出版社.

孙家抦，2013. 遥感原理与应用[M]. 3 版. 武汉：武汉大学出版社.

尹占娥，2008 . 现代遥感导论[M]. 北京：科学出版社.

赵英时，2013. 遥感应用分析原理与方法[M]. 2 版. 北京：科学出版社.

Bernstein R，1983. Image geometry and rectification[A]//Robert N. Chapter 21 in manual of remote sensing. Colwell Fall Church：Virginia American Society of Photogrammetry.

Carter B，1998. Analysis of muti-resolution data fusion techniques[D]. Blacksburg：Virginia Polytechnic Institute and State University.

Psjr C，Sides S C，Anderson J A，1991. Comparison of three different methods to merge multiresolution and multispectral data：Landsat TM and SPOT panchromatic[J]. Photogrammetric Engineering & Remote Sensing，57(3)：265-303.

Wald L，Ranchin T，Mangolini M，1997. Fusion of satellite images of different spatial resolutions：Assessing the quality of resulting images[J]. Photogrammetric Engineering & Remote Sensing，63(6)：691-699.

第5章

遥感图像信息提取

遥感图像信息提取的过程是遥感成像的逆过程。即从遥感对地面实况的模拟图像中提取遥感信息、反演地面原型的过程(赵英时，2003)。常用的遥感信息提取方法有两大类：一是遥感图像分类，包括遥感图像目视解译和计算机分类；二是定量遥感反演。本章主要介绍遥感图像目视解译、图像分类及定量遥感反演的基本概念、原理和过程。

5.1 遥感图像目视解译

遥感图像目视解译是指专业人员通过图像的图像特征(色调或色彩，即波谱特征)和空间特征(形状、大小、阴影、纹理、图形、位置和布局)，与多种非遥感信息资料(如地形图、各种专题图)相结合，根据应用目的，运用生物地学等相关规律，进行由此及彼、由表及里、去伪存真的综合分析和逻辑推理，从而识别图像目标、手工编绘各种专题图。早期的目视解译多是纯人工在像片上进行解译，后来发展为人机交互方式，应用一系列图像处理方法进行图像的增强，提高图像的视觉效果后在计算机屏幕上解译。

5.1.1 目视解译过程

遥感图像的目视解译一般遵从从已知到未知，先整体后局部，从宏观到微观，先易后难的原则，可以概略地分为以下5个步骤(明冬萍，2017)：

①准备工作主要是收集资料：除遥感图像外，通常还需要收集工作区的地形图和相关的自然、经济等数据，以及各类调查报告、必要的参考文献等资料。

②初步解译与判区的野外考察，建立解译标志。

③图像预判和编制专题略图：遥感图像的初步解译主要是经过资料分析建立直接和间接解译标志，包括形态、大小、色调、阴影、纹理等，然后在分类系统的指导下设计图例系统，进行初步解译，并把解译结果转绘成专题图略图。

④野外实况考察和地学验证及补判：根据初步解译结果，确定野外调查路线和调查样本，进行野外调查，验证判读标志，并应用地学分析方法解决图像与地物间的对应关系，从而修正预判中的错判或漏判，使得解译结果更加客观可靠。

⑤目视解译成果的转绘与制图：根据预判结果和野外调查资料，对全部工作区进行重新解译，然后清绘成图。在此基础上进行面积量测，以及其他数字统计特征的分析。

5.1.2 目视解译标志

遥感图像上能具体反映和判别地物或现象的图像特征称为判读标志或解译标志，分为直接解译标志和间接解译标志两种。

(1) 直接解译标志

直接解译标志指图像上可以直接反映的标志，包括色调或色彩、形状、阴影、大小、纹理、位置、布局、图案等。

①色调或色彩：地物电磁辐射能量记录在图像上之后，其电磁辐射特性是由图像色调来表征的。图像色调在不同图像有不同的表现，在黑白图像上表现为灰度，在彩色图像上表现为色彩。

全色遥感图像中从白到黑的密度比例称为色调，也称灰度[图 5-1(a)]。色调是地物反射、辐射能量强弱在图像上的表现。色调的差异多用灰阶表示。地物能够被识别，主要依靠地物与背景之间存在能被人的视觉分辨出的色调差异。解译人员在解译之前需了解该解译图像中影响色调的因素有哪些，如可见光—近红外图像，均反映地物反射能量的差异，涉及地物的物质组成、水分含量等；热红外图像则反映地物发射能量的差异，是地物温度差的记录；雷达图像反映地物后向散射能量的差异，涉及地物介电常数、表面粗糙度等物理性质。同时，除了受到地物本身波谱特征因时因地、因环境变化而变化之外，还受到成像高度、成像时间等多种因素影响，因此色调一般只能在同一图像上比较；对于多张图像的比较，色调不能作为稳定而可靠的解译标志。

色彩是多光谱遥感图像中地物识别的基本标志[图 5-1(b)]，地物在不同波段中，反射或发射电磁辐射能量的大小在遥感图像中以地物的不同颜色体现。按照图像与地物真实色彩的相似程度，多光谱遥感图像可以分为真彩色和假彩色两种类型。真彩色图像由可见光中的红、绿、蓝三个波段组成，图像上地物颜色能真实或近似反映实际地物颜色特征，符合人的认知习惯；在假彩色图像上，地物是有选择地采用不同波段颜色组合来突出该类

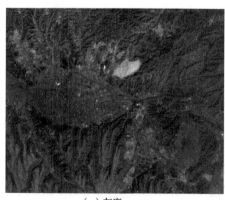 

（a）灰度 （b）色彩

图 5-1 遥感图像的灰度和色彩

地物色彩特征，图像颜色与实际地物颜色存在差异。因而，在目视判读前了需要解图像由哪些波段合成，每个波段分别被赋予何种颜色。

②形状：指地物目标的外貌轮廓。遥感图像上记录的多为地物的平面、顶面形状，侧视雷达则得到侧视的斜像。依据地物的图像形状特征，就可以辨认相应的地物，如冲积—洪积扇、果园、火山锥等。

③阴影：由于倾斜照射，电磁波被地物遮挡后在该地物背光面形成了暗色调区域。阴影反映了地物的空间结构特征，不仅增强了立体感，而且它的形状和轮廓显示了地物的高度和侧面形状，有助于地物的识别，如铁塔、立交桥等；阴影也会造成阴影覆盖区地物信息的丢失，给解译工作带来麻烦。

④大小：指地物图像的(尺寸)大小，直观反映地物相对于其他目标的大小。需要注意的是，同一地物在不同空间分辨率的图像上表现出的尺寸大小不同，因而解译时需要结合图像的分辨率进行地物判读。解译的时候一般从熟悉的地物入手(如房屋、车辆等)，建立起直观的大小概念，再去推测和识别那些不太熟悉目标的大小。

⑤纹理：即图像的细部结构，指遥感图像中目标地物内部色调有规则变化造成的图像结构。是由成群、细小，具有不同色调、形状的地物多次重复所构成，给视觉造成粗糙或者平滑的印象，是区分地物属性的重要依据。纹理不仅依赖于表面特征，与光照角度有关，是一个变化值，且对纹理的解译还依赖于图像对比度。对于波谱特征相似的地物，往往通过它们的纹理差异加以区别，例如，对于中比例尺航空像片上的林、灌、草而言，针叶林粗糙、灌丛较粗糙、幼林有绒感、草地细腻有平滑感(赵英时，2003)。

⑥位置：指目标地物的地理位置，反映了地物所处的地点与环境。地物与周边地理环境总是存在着一定关系，例如，机场大多在大城市郊区平坦地，公路两旁的植被大多是防护林，道路与居名点相连等。利用地物的位置特征可以在遥感图像上正确判断地物属性。

⑦布局：指多个目标地物之间的空间配置关系。依据地物间的密切关系或相互依存的关系，可以从已知地物推断另一种目标地物的存在和属性，如学校相关布局中有教室、操场，货运码头有货物存储堆放区等。

⑧图案：指目标地物重复排列的空间形式，反映了地物的空间分布特征。许多目标都具有一定的重复关系，构成特殊的组合形式。它可以是自然的，也可以是人为建造的，如住宅区的建筑群、果园排列整齐的树冠、高尔夫球场的路线和绿地等。

(2) 间接解译标志

间接解译标志指运用某些直接解译标志，根据地物的相关属性等地学知识，间接判断出的图像标志，主要包括以下 3 个方面(赫晓慧，2016)。

①与目标地物成因相关的指示特征：像片上水系呈辐射型，表明该水系有可能位于火山附近；水系呈向心型，可能位于盆地附近；水系呈长方格子状，是推断地质断层存在的间接标志。

②指示环境的代表性地物：例如，根据代表性的植被类型推断它存在的生态环境，暖温带阔叶林的存在说明该地区属于暖温带气候。

③成像时间：成像时间作为目标地物的指示特征。例如，东部季风区夏季炎热多

雨、冬季寒冷干燥，因此其土壤含水量具有季节性变化，河流与水库的水位也有季节性变化。

5.2 图像分类

图像分类是指根据遥感图像中地物的波谱特征、纹理特征、空间特征、时相特征等，按照某种规则或算法，将图像中每个像元划分为不同类别的过程。

5.2.1 分类原理

遥感图像分类处理是计算机模式识别技术在遥感领域中的具体应用，基础任务是建立地表不同地物类别间的判别标准(Ramesh et al.，2011)。

在理想的条件下，遥感图像中的同类地物在相同的条件时(光照、云量、地形等)，应具有相同或相似的波谱信息特征和空间信息特征，从而表现出同类地物某种内在的相似性。而不同类别的地物波谱信息特征具有差异。根据这种差异，将图像中所有的像元按照其性质划分为不同的类别，这就是遥感图像的分类。

遥感图像计算机分类是以每个像元的波谱信息数据为基础进行的分类。假设遥感图像有 m 个波段，将(i, j)位置的像元视为样本，则像元各波段上的灰度值可以用二维表格表示，其中行是样本，列是波段，表示为 $X = (x_1, x_2, \cdots, x_m)$，称为特征空间。在遥感图像分类中，把图像中的某一类地物称为模式，把属于该类的像元称为样本。以下用两个波段的遥感图像来举例说明(韦玉春等，2014)。

多光谱图像上的每个像元均可用特征空间中的点表示出来。通常情况下，同一类地物的波谱特性比较接近，因此，在特征空间中，代表该地物的像元将聚集在一起，多类地物在特征空间中形成多个点簇。

在图 5-2 中，设图像中只包含两类地物，分别记为 A、B，则在特征空间中会有 A、B 两个相互分开的点集。将图像中两类地物分开，等价于在特征空间中找到若干条曲线将 A、B 两个点集分开(如果波段大于 3，需找到若干个曲面)，设曲线的表达式为 $f_{AB}(X)$，则方程为：

$$f_{AB}(X) = 0 \tag{5-1}$$

$f_{AB}(X)$ 称为 A、B 两类的判别边界。$f_{AB}(X)$ 确定后，可以方便地判定特征空间中地任意一点属于 A 类还是 B 类，根据几何学的知识可知：如果 $f_{AB}(X) > 0$ 时，$X \in A$，那么，当 $f_{AB}(X) < 0$ 时，$X \in B$。式(5-1)称为确定样本归属类别的判别准则，$f_{AB}(X)$ 称为判别函数。

遥感图像分类算法的核心是确定判别函数 $f_{AB}(X)$ 和判别准则。为了保证所确定的 $f_{AB}(X)$ 能够较好地将各类地物在特定空间中分开，通常是在一定的准则(如贝叶斯分类器中的错误分类概率最小准则等)下求解判别函数 $f_{AB}(X)$ 和判别准则。

在进行遥感图像分类时，根据是否需要分类人员提供已知类别及训练样本，对分类器进行训练和监督，可以将遥感图像分类方法划分为监督分类和非监督分类。

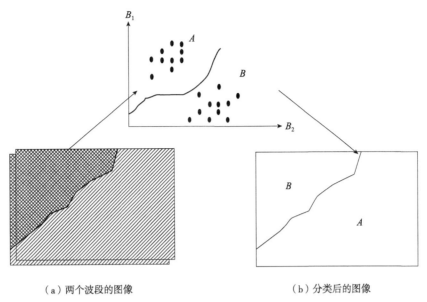

（a）两个波段的图像   （b）分类后的图像

图 5-2 遥感图像分类

（改绘自韦玉春等，2014）

5.2.2 监督分类与非监督分类

（1）监督分类

监督分类又称为训练场地法或先学习后分类法，即用已知类别的样本像元去识别其他未知类别像元的过程。其基本思想是：首先根据已知的样本类别对每种类别选取一定数量的训练样区，用训练样区已知样本的波谱特征来训练计算机，获得识别各类地物的判别模式或判别函数，并以此对未知地区的像元进行分类处理，分别归入已知的类别中，达到自动分类识别的目的。监督分类的一般步骤如下。

①确定分类的类别数：根据分类目的、图像数据的自身特征，确定需要分类的地物，对图像进行特征判断，评价图像质量，决定是否需要进行图像增强等预处理。

②选择训练样本：训练样本的选择是监督分类的关键。训练样本的选择需要分析者对要分类的图像所在区域有所了解，或进行过野外调查，有所在区域的高分辨率的航空像片或有关图件。选择的样本应能准确代表整个区域内每个类别的波谱特征差异，对每一类别选取一定数目的样本。训练样本选定后，为了比较和评价样本的好坏，需要计算各类别训练样本的基本波谱特征信息，通过分析每个样本的统计值（如均值、标准差、最大值、最小值、方差、协方差矩阵、相关矩阵等），从而检查训练样本的代表性、评价训练样本的好坏。

③选择或构造分类算法：一旦训练样本被选定，相应地物的波谱特征便可以用训练样本数据进行统计，然后根据分类要求从训练数据中提取图像数据特征，对监督分类方法进行比较研究，选择合适的图像分类算法。

④实施分类：每个图像分析系统可执行一系列命令来实施分类，但分析人员只需为程

序提供有效的训练数据和要分类的图像，最后的分类结果可以直接显示在计算机屏幕上。

⑤评价分类效果：应用分类的误差和精度评价方法来进行评估。如果分类精度不能满足要求，需要重新选择训练样区，再重复以上各步骤，直到结果满意为止。

监督分类中常用的分类方法包括以下几种。

①平行管道分类法：又称为盒式分类器，根据训练样本的亮度值范围形成一个多维的特征空间，然后通过训练样本数据确定每个类别在特征空间的位置和形状。只要像元的波谱值落在平行管道任何一个训练样本所对应的范围，就会被划分到对应的类别中。A、B两个类别的训练样本在第1波段上的最小、最大值分别为A_{min1}、A_{max1}、B_{min1}、B_{max1}，在第2波段上为A_{min2}、A_{max2}、B_{min2}、B_{max2}，所有其他像元在这两个波段的亮度值如果落在A区域内，则这个像元就划分为A类；如果落在B区域内，则这个像元就划分为B类（图5-3）（赵英时等，2003）。这个过程可以扩展到两个以上的波段和类别。另外，区域A和区域B也可以不采用其最大值和最小值，而采用其平均值和标准差。平行管道分类法的优点是，分类标准简单、计算速度快，能将大多数像元划分到一个类别；但其缺点是，当类别较多时，各类别所定义的区域容易重叠，由于存在选择误差，训练样本的亮度范围可能大大低于其实际的亮度范围，从而造成很多像元不属于任何一类。在这种情况下，必须采用其他规则来将这些没有被分类的像元划分到一个类别中。

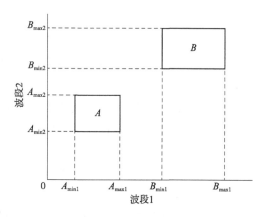

图5-3 平行管道分类法

（赵英时等，2003）

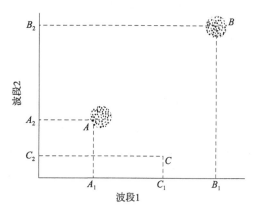

图5-4 最小距离分类法

（赵英时等，2003）

②最小距离法：最小距离分类法是用特征空间的距离表示像元数据和分类类别特征的相似程度，在距离最小（相似程度最大）的类别上对像元数据进行分类的方法。其基本思想是，利用训练数据各波段的波谱均值，根据像元距训练样本平均值距离将像元划分到距离最短的类别中去。最小距离分类法的前提是，地物的波谱特征在特征空间中按照集群的方式分布。训练样本区的波谱数据可以绘制在多维数据空间中，形成训练样本的类别群，每个类别群可以用它的类别中心点来表示，它通常是训练样本的平均值。在1、2波段散点图中，类别A、B训练样本形成了两个类别集群A和B，它们在两个波段的均值位于两个集群中心$(A_1，A_2)$和$(B_1，B_2)$（图5-4）。假设有一个像元C，波谱亮度值为$(C_1，C_2)$，计

算离类别集群 A 和 B 均值的大小，由于其距离 $AC<BC$，则其划分到类别 A 中。最小距离分类法计算量小，但在遥感图像分类中使用并不广泛。因为该方法没有考虑不同类别内部方差的不同，从而造成有些类别在边缘处的重叠，从而引起分类误差。因此，需要通过运用更高级、更复杂的距离算法来改善这一问题。

③最大似然法：最大似然分类是监督分类中最常采用的分类方法之一。最大似然分类的前提是，认为每一波段数据的分布都符合正态分布，根据训练样本的均值和方差，求出各像元对于各类别的似然度，把该像元划分到似然度最大的类别中去。似然度是指对于待分类像元 x，它从属于某一分类类别的后验概率。

设 $g_i(x)$ 为判别函数，像元 x 出现在类 ω_i 的最大概率 $p(\omega_i \mid x)$ 表示为：

$$g_i(x) = p(\omega_i \mid x) \tag{5-2}$$

$p(\omega_i \mid x)$ 又称为后验概率，根据贝叶斯公式，有：

$$g_i(x) = p(\omega_i \mid x) = p(x \mid \omega_i) p(\omega_i)/p(x) \tag{5-3}$$

式中 $p(x \mid \omega_i)$——在 ω_i 观测到 x 的条件概率；

$p(\omega_i)$——类别 ω_i 的先验概率；

$p(x)$——x 与类别无关情况下的出现概率。

当待分类图像存在多个类别时，需要计算并比较多个 $p(\omega_i \mid x)$，根据贝叶斯准则，取其中最大者代表的类别为待判像元的归属类别。例如，$p(A \mid 100) = 0.4$，$p(B \mid 100) = 0.6$，当灰度值为 100 时，像元为 A 类地物的概率为 0.4；当灰度值为 100，像元为 B 类地物的概率为 0.6，于是可以将该像元归为 B 类地物。在计算并比较多个 $p(\omega_i \mid x)$ 的过程中，$p(x)$ 是若干计算式中都出现的公共项，为简化计算可以省略。$p(\omega_i \mid x)$ 可以通过选择合适的训练区来计算（赫晓慧等，2016）。

（2）非监督分类

非监督分类是不加入任何先验知识，利用遥感图像特征的相似性，即自然聚类的特性进行分类。分类结果区分了存在的差异，但不能确定类别的属性。类别的属性需要通过目视判读或在实地调查后确定（韦玉春等，2014）。

非监督分类的原理是假设在相同的表面结构特征、植被覆盖、光照等条件下，同类地物具有相同或相近的波谱特征，像元亮度值在特征空间的一定区域内形成点集群，归属于同一个波谱空间；不同类地物波谱特征差别明显，像元亮度值在特征空间中不同区域形成不同的点集群，归属于不同的波谱空间。非监督分类的一般步骤如下（韦玉春等，2014）：①确定初始类别参数，即确定最初类别数和类别中心（点群中心）；②计算每个像元对应的特征向量到各点群中心的距离；③选取距离最短的类别作为这一向量的所属类别；④计算新的类别均值向量；⑤比较新的类别均值与初始类别均值，如果发生了改变，则以新的类别均值作为聚类中心，再从第②步开始进行迭代；⑥如果点群中心不再变化，计算停止。

非监督分类方法有很多，其中常用的方法有 K-均值算法和 ISO-DATA 算法。

①K-均值算法：是一种常见的聚类算法，聚类准则是使每一分类中，像元点到该类别中心的距离的平方和最小。其基本思想是，通过迭代，逐次移动各类的中心，直到满足收敛条件为止。收敛条件是指对于任意一个类别，计算该类中的像元值与该类均值差的平

方和。将图像中所有类的差的平方和相加，并使相加后的值达到最小。设图像中总类数为m，各类的均值为C，类内的像素数为N，像元值为f，那么收敛条件使得下式达到最小：

$$J_c = \sum_{i=1}^{m} \sum_{j=1}^{N_i} (f_{ij} - C_i)^2 \qquad (5\text{-}4)$$

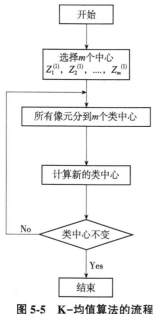

图 5-5　K-均值算法的流程

（韦玉春等，2014）

K-均值算法流程如图5-5所示，假设图像上的地物要分为m类，m为已知数。

第一步：适当的选取m个类的初始中心$Z_1^{(1)}$，$Z_2^{(1)}$，…，$Z_m^{(1)}$。初始中心的选择对聚类结果有一定的影响。一般有如下两种方法：

a. 根据问题的性质和经验确定类别数m，从数据中找出直观上看来比较适合的m个类的初始中心。

b. 将全部数据随机的分为m个类别，计算每类的中心，将这些中心作为m个类的初始中心。

第二步：在第k次迭代中，对任一样本X按如下的方法把它调整到m个类别中的某一类别中去。对于所有的$i \neq j$，$i = 1$，2，…，m，如果$\| X - Z_j^{(k)} \| < \| X - Z_i^{(k)} \|$，则：$X \in S_j^{(k)}$，其中$S_j^{(k)}$是以$Z_i^{(k)}$为中心的类。

第三步：由第二步得到$S_j^{(k)}$新的中心$Z_j^{(k+1)} = \dfrac{1}{N_j} \sum_{X \in S_j^{(k)x}}$，$N_j$为$S_j^{(k)}$类中的样本数。$Z_j^{(k+1)}$按照下面误差平方和$J$最小的原则确定。

$$J = \sum_{j=1}^{m} \sum_{x \in S_j^{(k)}} \| X - Z_j^{(k+1)} \|^2 \qquad (5\text{-}5)$$

第四步：对于所有的$i = 1$，2，…m，如果$Z_i^{(k+1)} = Z_i^{(k)}$，则迭代结束，否则转到第二步继续进行迭代(杨威，2011)。

②ISO-DATA 算法：即迭代自组织数据分析技术，简称迭代法。ISO-DATA 算法是一种动态聚类算法。利用样本平均迭代来确定聚类的中心，在每次迭代时，首先在不改变类别数目的前提下改变分类，然后将样本平均矢量之差小于某一指定阈值的每一个类别对进行合并，或者根据样本协方差矩阵来决定其分裂与否。主要环节是聚类、集群分裂和集群合并等处理。ISO-DATA 算法原理如下(明冬萍等，2017)。

第一步，指定和输入有关的参数。K：要求得到的聚类中心数(类别数)；θ_N：一个聚类中心域中至少具有样本个数的阈值；θ_S：一个类别样本标准差的阈值；θ_c：归并系数，聚类中心间距离的阈值，若小于此数，两个聚类需进行合并；L：能归并的聚类中心的最大对数；I：允许迭代次数。

第二步，在执行算法前，应先指定C个初始聚类中心，表示为Z_1，Z_2，…，Z_C；C不一定要等于要求的聚类中心数K；Z_1，Z_2，…，Z_C可以为指定模式中的任意样本。

第三步，分配N个样本到C个聚类中心。若$\| X - Z_j \| < \| X - Z_i \|$，$i = 1$，$2$，…，$C$；$i \neq j$，则$X \in f_j$，其中$f_j$表示分配到聚类中心$Z_j$的样本子集，$N_j$为$f_j$中的样本数。

第四步，对任意的j，$N_j < \theta_N$，则去掉f_j类，并使$C = C - 1$，即将样本数比θ_N少的样本

子集去除。

第五步，按下式重新计算各类的聚类中心 Z_j。

$$Z_j = \frac{1}{N_j} \sum_{x \in f_j} X \qquad (j=1,2,\cdots,C) \tag{5-6}$$

第六步，计算聚类域 f_j 中的样本与它们相应的聚类中心的平均距离 $\overline{D}_j$。

$$\overline{D}_j = \frac{1}{N_j} \sum_{X \in f_j} \| X - Z_j \| \qquad (j=1,2,\cdots,C) \tag{5-7}$$

第七步，计算所有类别样本到其相应类中心的总平均距离。

$$\overline{D} = \frac{1}{N} \sum_{j=1}^{C} N_j \overline{D}_j \tag{5-8}$$

式中　N——样本总数。

第八步，判别。若这是最后一次迭代，则置 $\theta_C = 0$，切转到第十二步；若 $C \leq K/2$，则转到下一步；若 $C \geq 2K$ 或这次迭代次数为偶数，则转第十一步，否则继续。

第九步，计算出每类中各分量的标准差 δ_{ij}。

$$\delta_{ij} = \sqrt{\frac{1}{n_j} \sum_{X \in f_j} (X_{ik} - Z_{ij})^2} \tag{5-9}$$

式中　$i=1,2,\cdots,n$；

$\quad\quad j=1,2,\cdots,C$；

$\quad\quad n$——样本模式的维数；

$\quad\quad X_{ik}$——f_j 中第 k 个样本的第 i 分量；

$\quad\quad Z_{ij}$——第 Z_j 的第 i 分量；

$\quad\quad \delta_{ij}$——f_j 中样本沿主要坐标轴的标准差。

第十步，对每一类 f_j，找出标准差最大的分量 $\delta_{j\max}$。

$$\delta_{j\max} = \max(\delta_{1j}, \delta_{2j}, \cdots, \delta_{nj}) \qquad (j=1,2,\cdots,C) \tag{5-10}$$

第十一步，如果对任意的 $\delta_{j\max} > \theta_S$，$j=1,2,\cdots,C$ 存在有 $\overline{D}_j > \overline{D}$ 和 $N_j > 2(\theta_N+1)$ 或 $C \leq K/2$。则 Z_j 分裂成两个新的聚类中心 Z_j^+ 和 Z_j^-，进而删除 Z_j，并使 $C=C+1$。对应于 $\delta_{j\max}$ 的 Z_j 分量上加上一给定量 γ_j，而 Z_j 的其他分量保持不变来构成 Z_j^+，对应于 $\delta_{j\max}$ 的 Z_j 的分量上减去 γ_j，而 Z_j 的其他分量保持不变来构成 Z_j^-。规定 γ_j 是的 $\delta_{j\max}$ 一部分，$\gamma_j = K\delta_{j\max}$，$0 < K \leq 1$。选择 γ_j 的基本要求是，任意样本到这两个新的聚类中心 Z_j^+ 和 Z_j^- 之间有一个足够可检测的距离差别，但是又不能太大，以致使原来的聚类域的排列全部改变。如果发生分裂则转向第三步，否则继续。

第十二步，计算所有聚类中心的两两距离。

$$D_{ij} = \| Z_i - Z_j \| \qquad (i=1,2,\cdots,C-1; j=1,2,\cdots,C) \tag{5-11}$$

第十三步，比较距离 D_{ij} 与参数 θ_C，取出 L 个 $D_{ij} \leq \theta_C$ 的聚类中心，$[D_{i1j1}, D_{i2j2}, \cdots, D_{i1j1}]$，其中 $[D_{i1j1} < D_{i2j2} < \cdots D_{iljl}]$。

第十四步，从 D_{i1j1} 着手，开始一对对归并，算出新的聚类中心。

$$Z_i^* = \frac{1}{N_{il} + N_{jl}} [N_{il}^{(z_{il})} + N_{jl}^{(z_{jl})}] \qquad (l = 1, 2, \cdots, L) \qquad (5\text{-}12)$$

删除 Z_{i1} 和 Z_{j1}，并使 $C = C - 1$。注意：仅允许一对对归并，并且一个聚类中心只能归并一次。经实验得出，更复杂的归并有时反而产生不良的后果。

第十五步，如果是最后一次迭代则算法结束，否则：如果用户根据判断要求更改算法中的参数，则转向第一步；如果对下次迭代参数不需要更改，则转向第二步。每次回到算法的第一步或第二步就记为一次迭代，$I = I + 1$。

ISO-DATA 算法的实质是以初始类别为"种子"施行自动迭代聚类的过程。迭代结束标志着分类所依据的基准类别已经确定，它们的分布参数也不断在聚类训练中确定，并最终用于构建所需要的判别函数。从这个意义上讲，基准类别参数的确定过程，也是对判别函数不断调整和训练的过程。

5.2.3 面向对象的分类

对于高分辨率遥感图像来说，目标地物轮廓更加清晰，空间细节信息更加丰富，用传统的基于像元的图像处理方法的效率，以及其所能获得的结果信息都是十分有限的，而且其处理结果中往往会存在大量"椒盐噪声"（罗小波等，2011），仅依靠基于像元波谱特征分类不足以达到目的，因此，提出了面向对象的图像分类方法并得到广泛应用。

面向对象分类方法进行遥感图像信息提取时，不再是以像元为最小单元，而是以具有更多种语义信息的、多个邻近像元构成的对象，在分类时大多是利用地物的几何信息及地物对象之间的语义信息、纹理特征和拓扑关系，而不单纯的是单个地物的波谱信息。面向对象的遥感图像分类法的本意是把对象作为分类的最小单位，从多方面、高层次对遥感图像进行分类，以减少往常的基于像元层次分类方法所含有语义信息的损失率，分类结果具有更丰富的语义信息。

图 5-6 显示了面向对象分类的基本技术流程。图像分割是面向对象图像分类和分析的

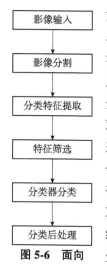

图 5-6 面向对象分类流程

第一步，也是关键技术之一，分割尺度的选择直接决定图像对象的大小、研究区域空间尺度层次。目前，国内外已提出上千种图像分割算法，然而由于对于不同图像不存在一个普适的尺度，多尺度分割中的尺度选取问题依然是一个难以攻克的难题（孙瑞等，2018）。分割过程中，分割尺度过小会导致过度分割现象，使得对象较为破碎，造成分析困难；分割尺度过大则会使较小的对象丢失，造成后续分类存在较大的误差。目前已经提出如均值漂移分割（Pipaud et al.，2017），分形网络演化算法（Tang et al.，2011）等图像分割算法。其中，分形网络演化算法被嵌入到 eCognition 软件中，得到更为广泛的应用，经分割参数设置，对图像进行分割，实现了聚类，成为多个对象。通过对图像对象波谱、纹理、形状等特征的分析，可提取不同对象对应的地物特征以实现分类。

图像对象特征是影像分类的关键因素，面向对象的分类除了可以使

用常规的波谱特征，还可以将图像对象的形状特征、地形特征相结合以提高效率和精度。波谱特征是描述图像对象灰度值特征的集合，反映对象的波谱信息。常用的对象波谱特征包括图像对象的平均值、标准差、亮度等特征。其中，对象波谱特征均值、标准差又可按波段数分为若干特征。

　　纹理是一种到处可见却难以定义的图像特征。它不依赖于图像的颜色和亮度，反映图像中的同质现象，是物体表面的一种属性。人们可以从视觉上感知纹理，却很难给纹理一个统一的描述。由于纹理存在的普遍性、纹理本身的独特性以及纹理在描述地物方面表现出的优越性，纹理在图像分割、图像检索、目标识别与分析等领域得到广泛应用。纹理应用存在一个最基本的问题——纹理特征的提取，因为只有将抽象图像的纹理转换成能够被人理解的特征参数，才能进一步将纹理用于图像分割或者分类。遥感图像中的纹理主要采用统计学方法进行提取，其中灰度共生矩阵是最常用的方法。

　　形状特征反映了图像对象的集合特征，是在图像分割时形成的，主要由几何参数来表征，用于测量和计算图像对象的几何形状参数。形状特征包括图像对象的面积、边界长度、长度、宽度、长宽比、形状指数、密度、主方向、对称性、位置等。

　　特征选择是指从一组已知特征集中，按照某种准则选择出具有良好区分特性的特征子集，或按照某种准则对特征的分类性能进行排序，从而实现特征空间维数的压缩、资源的节省和分类结果的稳定。

　　基于面向对象分析的地物提取，将图像分割为区别于其他类的特征信息的均质性对象。目前在面向对象图像分析中，主要将分割获取的对象特征用于 K 最近邻分类算法、贝叶斯网络、支持向量机、随机森林以及决策树等分类算法，从而提取出目标地物。

5.2.4　决策树分类

　　决策树是一种类似于流程图的树形结构。一个决策树由一个根节点、一系列内部节点和分支，以及若干个叶节点组成，每个内部节点只有一个父节点和两个或多个子节点。父节点和子节点之间形成分支。其中树的每个内部节点代表一个决策过程中所要测试的属性；每个分支代表测试的一个结果，不同属性值形成不同分支；而每个叶节点代表一个类别，即图像的分类结果(潘琛等，2008)。

　　决策树分类可以分为训练和分类两个步骤。首先，利用训练样本对分类树进行训练，确定分类树决策阈值并构造分类树；然后，利用分类树对像元进行判定，确定其类别。决策树是一种直观的知识表示方法，同时也是高效的分类器。决策树分类是以信息论为基础，将复杂的决策形成过程抽象成易于理解和表达的规则或判断。此方法依据设定的规则对指定遥感图像进行运算，所产生的逻辑值(真或假)派生出两类结果，即形成两个分支；或根据属性的不同取值形成多个分支，直至图像分出类别。

　　决策树分类方法有两种，自下而上的方法和自上而下的方法。自下而上方法的基本过程是：把每个像元作为一个类别，首先计算所有类别之间的距离，合并距离最近的两类形成一个新类，然后计算新类与其他类别之间的距离，重复前面的工作，直到所有类别都合并为一个大类，形成整个树状结构的根部。自上而下方法的基本过程是：将图像作为一个大类，按照最大的差异性区分出两个类别，对于区分出的类别同样按照最大的差异性继续进行分类，直到达到工作要求(韦玉春等，2014)。对于自上而下的决策树分类方法，可以先确定特征明显的大类，然后在每一个大类的内部再进行进一步的划分，此时可以更换分类方法，也可以更换分类特征，从而提高该类的可分性，直到所有类别全部分出为止。图 5-7 显示了利用 Landsat 8 OLI 数据构建的大屯矿区地物类型分类决策树(于海若等，2016)。

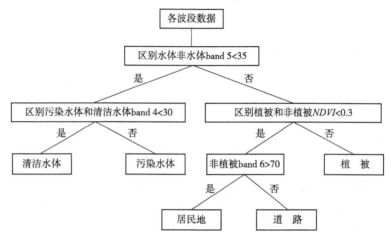

图 5-7 大屯矿区地物类型分类决策树

(于海若等，2016)

5.2.5 其他分类方法

(1)人工神经网络方法

人工神经网络是利用计算机模拟人类学习的过程，建立输入和输出数据之间联系的程序。这种程序模仿人脑学习过程，通过重复输入和输出训练，增强和修改输入、输出数据之间的联系。

人工神经网络由 3 个基本要素构成，即处理单元、网络拓扑结构和训练规则。处理单元是人工神经网络操作的基本单元，它模拟人脑神经元的功能。一个处理单元存在多个输入和输出路径。输入端模拟人脑神经的树突功能，起到信息传递的作用。输出端模拟人脑神经的轴突作用，将处理后的信息从一个处理单元传给下一个。具有相同功能的处理单元构成处理层。网络拓扑结构决定各处理单元、各层之间信息的传递方式与途径。训练又称学习，是神经网络的一个基本特征，通过反复训练与调整来达到需要的精度。训练主要是利用转换函数 $f(x)$，对处理数据进行加权及求和，并训练网络系统进行模式识别。处理所得的加权和，通过转移函数转换为输出值。分类结果是将获取最大权重的类别指定为输入数据的归属类别(修丽娜等，2003)。

(2)专家系统分类

近年来，融合了波谱信息和其他辅助信息的以专家知识和经验为基础的图像分类技术，即基于知识的专家系统，成为遥感分类方法发展的重点。专家系统分类应用人工智能技术，运用遥感图像解译专家的经验和方法，模拟遥感图像目视解译的思维过程，从而进行遥感图像解译。它使用人工智能语言介绍某一领域专家的分析方法或经验，对地物多种属性进行分析判断，确定类别。专家的经验和知识以某种形式表示，如规则 IF<条件>THEN<结果><CF>表示（CF 为可信度），诸多知识产生知识库。待处理的对象按照某种形式将其所有的属性组合在一起作为一个事实，然后由一个个事实组成事实库。事实库中的每一个事实与知识库中的每一个知识，按照一定的推理方式进行匹配，当一个事物的属性满足知识中的条件项，或者大部分满足时，则按照知识中的 THEN 以置信度确定归属（韦玉春等，2014）。

专家系统一般包括推理机和知识库两个相互独立的部分。知识库是问题求解所需要的领域知识的集合，其中的知识来自于该领域的专家。这是决定专家系统能力的关键，即知识库中知识的质量和数量决定了专家系统的质量水平；用户可以通过改变、完善知识库中的知识来提高专家系统的性能。推理机是实施问题求解的核心执行机构，实际上是对知识进行解译的程序，根据知识库中知识的语义，对按一定决策找到的知识进行解释执行。遥感图像分类时，遥感数据和空间数据被输入到推理机中，根据知识库中的专家知识对输入的数据进行推理判断，归入相应的分类类别（明冬萍，2017）。

5.2.6　分类精度评价

遥感图像分类精度评价是遥感分类中必不可少的环节。通常把分类图与参考数据相比较，参考数据可以是图件或者地面调查数据。遥感图像分类精度分为非位置精度和位置精度。非位置精度是简单的数值，例如，某一地物类型的面积，由于未考虑位置因素，类别之间的错分结果会在一定程度上抵消分类误差，造成分类精度偏高。位置精度分析是将分类的类别与其所在的空间位置进行统一检查，常用混淆矩阵的方法，并以 Kappa 系数评价整个分类结果的精度。

①混淆矩阵：是由 n 行 n 列组成的矩阵，用来表示分类结果的精度，这里 n 代表类别数。混淆矩阵中检验用的实际类别数有 3 种来源：分类前选择训练样区和训练样本的时候确定的各个类别及其空间分布图、已知的局部地区的专业类型图、实地调查结果。混淆矩阵的列方向（左右）代表参考图像的类别，矩阵的行方向（上下）代表分类图像的类别。矩阵中主对角线上的数据是正确分类的像元数或者百分比。主对角线上像元数越多或者百分比越高，分类精度就越高；主对角线以外的数字或百分比越小，精度越高。表 5-1 中的混淆矩阵可以计算不同精度指标。

表 5-1　混淆矩阵

分类图像	参考图像			行和
	1	2	3	
1	A	D	H	N
2	B	E	I	O
3	C	F	J	P
列和	K	L	M	Q

②总体精度：表示整个检验样本被模型正确分类的比例，即模型正确分类的样本数除以检验样本总数。其值越大说明模型总体分类精度越高，结果也越可靠，反之说明模型总体分类精度低，结果不理想。

$$总体精度=(A+E+J)/Q \tag{5-13}$$

③用户精度：表示从分类结果中任取一个随机样本，其所具有的类型与地面实际类型相同的条件概率。表5-1中第1类别的用户精度为：

$$用户精度=A/N \tag{5-14}$$

④制图精度：表示相对于地面获得的实际资料中的任意一个随机样本，与分类图上同一地点的分类结果相一致的条件概率。表5-1中第1类别的制图精度为：

$$制图精度=A/K \tag{5-15}$$

⑤Kappa系数：采用多元数据分析方法，不仅考虑模型正确分类的样本数，而且兼顾模型"错分"和"漏分"的样本，更加全面地描述了模型分类结果与检验样本间的吻合程度，是一个更加客观精确评价模型分类精度的指标，计算公式为：

$$K = \frac{N\sum\limits_{i=1}^{r}x_{ii} - \sum\limits_{i=1}^{r}x_{i+}x_{+i}}{N^2 - \sum\limits_{i=1}^{r}x_{i+}x_{+i}} \tag{5-16}$$

式中　K——Kappa系数值；

　　　N——检验样本个数；

　　　r——总类别数；

　　　x_{ii}——正确分类的像元数目；

　　　x_{i+}——第i行总的像元数量；

　　　x_{+i}——第i列总的像元数量。

Kappa系数的大小可用以判定图像分类结果的好坏，二者之间具体的对应关系见表5-2（孙健，2018）。

表5-2　Kappa统计值与遥感图像分类关系对应表

Kappa统计值	分类精度	Kappa统计值	分类精度
0.00~0.20	差	0.60~0.80	较好
0.20~0.40	正常	0.80~1.00	非常好
0.40~0.60	好		

5.3　定量遥感反演

遥感的优势在于频繁和持久地提供地表特征的面状信息，这对于传统的以稀疏离散点为基础的对地观测手段是一场革命性的变化。遥感科学是在地球科学与传统物理学、现代高科技基础上发展起来的一门新兴交叉学科，有自己独特的科学问题亟待探索。对传统地学来说，遥感要求从定性向定量描述的过渡。对传统物理学来说，遥感要求在像元尺度上，对局地尺度上定义的概念、总结推导出的定律、定理的适用性进行检验和纠正，而这种纠正是与像元尺度上的地学定量描述密不可分的(李小文等，2002)。

5.3.1 定量遥感的基础

定量遥感或称遥感定量化，主要指从对地观测电磁波信号中定量提取地表参数的技术和方法，区别于仅依靠地图判读经验的人工解译定性识别地物的方法。定量遥感基础研究，强调在遥感像元的观测尺度上，建立对遥感面状信息的地学理解，对局地尺度上定义的概念、总结推导出的定律、定理的适用性进行检验和纠正，发展遥感模型与地表参数的提取方法，形成地球表面时空多变要素的遥感数据产品，为大气、海洋、生态环境、农业、林业、矿产等研究领域和相关行业提供可用的遥感数据(李小文，2010)。

定量遥感的反演问题是根据观测信息和前向物理模型，求解或推算描述地面实况的应用参数(或目标参数)。而反演的困难在于应用参数往往不是控制遥感信息的主导因子，或者说是非敏感参数，只能为遥感信息提供弱信号。由于地表太复杂，需要用大量的参数来建立模型，而在目前反演理论的基础上，陆地反演的根本问题在于因少量观测数据估计非常复杂的地表状态，遥感信息总是有限的，不足以把参数的不确定性降低到人们期望的范围内，所以定量遥感本质上是"病态"反演(李小文，2005)。定量遥感分为：可见光、近红外波段的定量遥感，热红外波段的定量遥感，微波遥感的对地观测。其主要研究内容包括：遥感器定标、大气纠正、定量遥感模型、尺度效应与混合像元分解、多角度遥感。

①遥感器定标：是指建立传感器每个探测器所输出信号的数值与该探测器对应像元内的实际地物辐射亮度值之间的定量关系。遥感传感器定标是遥感数据定量化处理中的最基本环节，传感器的定标精度直接影响遥感数据的可靠性和精度。遥感器定标包括传感器实验室定标、传感器星上内定标、传感器场地外定标。

②大气校正：是为了消除遥感传感器在空中获取地表信息过程中，受到大气中分子、气溶胶和云粒子等大气成分的吸收与散射的影响。

③定量遥感模型：是从抽取遥感专题信息应用需要出发，对遥感信息形成过程进行模拟、统计、抽象或简化，用文字或者数学公式表达出来。定量遥感模型主要有 3 种类型：统计模型、物理模型和半经验模型。

④尺度效应：可定义为同一区域、同一时间、同样遥感模型、同类遥感数据、同等成像条件，只是分辨率不同导致的遥感反演地表参量不一致，且这种地表参量属于存在物理真值的可标度量(刘良云，2014)。尺度效应解决方案是构建合适的、不同尺度间的尺度转换方法。尺度转换通常包括时间尺度和空间尺度转换两个方面。

⑤混合像元分解：遥感传感器获得的地面波谱信号是以像元为单位记录的。如果像元只包含了一种地物类型，称其为纯像元；但通常每个像元对应的地表往往包含不同的地物类型，这种像元为混合像元。对混合像元进行分解，进入像元内部，求得亚像元所占的比

例，称为混合像元分解。

⑥多角度遥感：是指从两个以上的观测方向对地表下垫面进行观测，从不同的观测视角获取地表地物信息。单一方向遥感只能得到地表地物一个方向上的信息；多角度对地观测可以通过获取地表三维空间结构信息，提高地表地物解译精度和参数反演准确度。

5.3.2　遥感参数反演

遥感传感器获得的数据是地物的电磁波属性。利用这些数据进行遥感辐射传输建模，研究地表物体与电磁辐射之间作用的物理机理，建立遥感观测的电磁辐射信号与地表参数之间的函数关系，是定量遥感研究的基础。建模与反演是定量遥感科学问题的两个方面，基于遥感辐射传输模型，从遥感观测的电磁辐射信号中求解应用所需要的地表属性参数，称之为遥感反演(李小文等，2002)。

遥感参数主要包括地表辐射收支参量(如太阳辐射、宽波段反照率、地表温度和热红外发射率、地表长波辐射收支、生物物理和生物化学参数(如冠层生化特征、叶面积指数、吸收光合有效辐射比例、植被覆盖度、植被高度与垂直结构、地上生物量、陆地生态系统植被生产力)、水循环参量(如降水、陆面蒸散、土壤水分、雪水当量、蓄水量)。

5.3.3　定量遥感反演的地面验证

定量遥感反演的关键步骤是对反演结果进行验证，对于地表参数的反演验证有赖于地面的测量工作，而地表环境十分复杂，因此结果验证方法需要全面综合，有时甚至需要不同方法反复相互验证。下面介绍主要的地面观测方法：直接相关观测、空间采样和观测网络(梁顺林，2009)。

①直接相关观测：根据 MODIS 陆地研究(MODLAND)的真实性检验计划，从一系列真实检验试验站点采集实地数据。实地数据采集包括波谱反射率、热红外辐射亮度的实时观测，以及各试验站点的各种生物、地球物理参数的野外观测。

②空间采样：对于定量遥感反演验证相当重要。获取地表真实数据就需要使得空间采样实测数据能够很好地代表空间总体样本。采样方案设计需要充分考虑遥感图像空间分辨率、研究区区域、采样点和子样点之间的关系。

③观测网络：是一些稳定的、能够提供时间序列的、有代表性的全球特定站点。这些站点可以持续获取生态学野外观测数据。由于观测区域存在物候变化且往往具有高度的空间复杂性，这就要求站点具备长期的资源保障能力。

✿ 推荐阅读

森林生态系统遥感监测技术研究进展。

扫码阅读

思考题

1. 简述监督分类和非监督分类有什么区别？
2. 简述遥感图像分类与分割的联系与区别？
3. 监督分类和非监督分类主要有哪些方法？各有什么特点？

参考文献

赫晓慧，郭恒亮，贺添，等，2016. 遥感基础导论[M]. 郑州：黄河水利出版社.

何兴元，任春颖，陈琳，等，2018. 森林生态系统遥感监测技术研究进展[J]. 地理科学，38(7)：997-1011.

李梦莹，胡勇，王征禹，2016. 基于 C5.0 决策树和时序 HJ-1A/B CCD 数据的神农架林区植被分类[J]. 长江流域资源与环境，25(7)：1070-1077.

李小文，赵红蕊，张颢，等，2002. 全球变化与地表参数的定量遥感[J]. 地学前缘，9(2)：365-370.

李小文，2010. 遥感科学与定量遥感[J]. 地理教育，(Z2)：1.

李小文，2005. 定量遥感的发展与创新[J]. 河南大学学报(自然科学版)，35(4)：49-56.

梁顺林，2009. 定量遥感[M]. 范闻捷，等译. 北京：科学出版社.

刘良云，2014. 植被定量遥感原理与应用[M]. 北京：科学出版社.

罗小波，赵春晖，潘建平，等，2011. 遥感图像智能分类及其应用[M]. 北京：电子工业出版社.

明冬萍，刘美玲，2017. 遥感地学应用[M]. 北京：科学出版社.

潘琛，杜培军，张海荣，2008. 决策树分类法及其在遥感图像处理中的应用[J]. 测绘科学，33(1)：208-211，253.

孙健，2018. 基于面向对象分类土地利用分析[J]. 测绘与空间地理信息，41(1)：185-188，192.

孙瑞，王洪光，李俊辉，等，2018. 基于国产高分卫星面向对象城市地物最优尺度选择及评价研究[J]. 测绘与空间地理信息，41(10)：171-175.

韦玉春，汤国安，汪闽，等，2014. 遥感数字图像处理教程[M]. 2 版. 北京：科学出版社.

修丽娜，刘湘南，2003. 人工神经网络遥感分类方法研究现状及发展趋势探析[J]. 遥感技术与应用，18(5)：339-345.

杨威，2011. 基于模式识别方法的多光谱遥感图像分类研究[D]. 长春：东北师范大学.

于海若，燕琴，董春，等，2016. 基于决策树分类的大屯矿区地物信息提取及矿区污染分析[J]. 测绘与空间地理信息，39(4)：67-69，72.

张增祥，2010. 中国土地覆盖遥感监测[M]. 北京：星球地图出版社.

曾庆伟，武红敢，2009. 基于高光谱遥感技术的森林树种识别研究进展[J]. 林业资源管理，(5)：109-114.

赵英时，2003. 遥感应用分析原理与方法[M]. 北京：科学出版社.

Blaschke T，2010. Object based image analysis for remote sensing[J]. ISPRS Journal of Photogrammetry and Remote Sensing，65(1)：2-16.

Han N，Wu J，Tahmassebi A R S，et al.，2011. NDVI-based lacunarity texture for improving identification of Torreya using object-oriented method[J]. Agricultural Sciences in China，10(9)：1431-1444.

Pipaud I, Lehmkuhl F, 2017. Object-based delineation and classification of alluvial fans by application of mean-shift segmentation and support vector machines[J]. Geomorphology, 293: 178-200.

Ramesh V, Ramar K, 2011. Classification of agricultural land soils: a data mining approach [J]. Agricultural Journal, 6(3): 82-86.

Tang Y, Zhang L, Huang X, 2011. Object-oriented change detection based on the KolmogorovySmirnov test using high-resolution multispectral imagery[J]. International Journal of Remote Sensing, 32(20): 5719-5740.

第6章
深度学习与遥感图像处理

本章主要介绍深度学习在遥感图像处理中的应用。首先介绍深度学习的基本概念，及其与其他智能算法的关系；之后介绍深度学习在遥感图像处理中的应用现状，并介绍当前主流的深度学习框架；然后介绍了深度学习的一般过程；最后以 ENVI 为实例，介绍如何实现遥感分类的深度学习。

6.1　深度学习与其他智能算法

初学者往往容易混淆深度学习与人工智能等其他机器智能的概念。本节重点介绍深度学习和人工智能、机器学习、计算机视觉之间的概念和关系。

（1）深度学习

深度学习（deep learning，DL）是一种以人工神经网络为架构，对数据进行表征学习的算法，是机器学习的一个分支。深度学习具体通过设定神经元网络层数、每层的参数（随机初始化）、迭代规则等，自动学习调整最优的参数。这些参数的集合最终构成从输入到输出的特征表示。其利用监督学习和非监督学习式的特征学习和分层特征提取高效算法替代手工获取对象特征。至今已有包括基于受限玻耳兹曼机（restricted Boltzmann machine，RBM）的深度信念网络（deep belief networks，DBN）、基于自动编码器（autoencoder，AE）的堆叠自动编码器（stacked autoencoders，SAE）、卷积神经网络（convolutional neural networks，CNN）、递归神经网络（recurrent neural networks，RNN）等应用于深度学习。

深度学习对数据和计算机硬件的要求极高，如大量的训练和测试数据集，以及能满足大型矩阵计算的高级图形处理芯片如 GPU（graphic processing unit）、谷歌的张量处理单元（tensor processing unit，TPU）等。也正是计算机软硬件的飞速发展满足了复杂神经网络等的计算需求，才使深度学习在近几年再度复活并呈现超越其他方法的态势。

（2）人工智能

人工智能（artificial intelligence，AI）亦称机器智能，通常是指通过计算机程序来呈现人类智能的技术。人工智能的研究对象是智能主体（intelligent agent）。智能主体指一个可以观察周围环境并做出行动以实现特定目标的系统。安德里亚斯·卡普兰（Andreas Kaplan）和迈克尔·海恩莱因(Michael Haenlein)将人工智能定义为：系统正确解释外部数据，从这些数据中学习，并利用这些知识通过灵活适应，实现特定目标和任务的能力。人工智能是一门边缘学科，属于自然科学、社会科学和思维科学的交叉学科，它有可能成为沟通这些学科体系的最佳桥梁。

(3)机器学习

机器学习(machine learning，ML)是指对能通过经验自动改进的计算机算法的研究。它是人工智能的一个分支，是实现人工智能的一条途径。机器学习具体是指，通过构建可以自动学习的算法模型，使该机器学习算法可以自动从数据中分析学习获得规律，并利用规律对未知数据进行预测。

近30多年，机器学习已发展为一门多领域交叉学科，涉及概率论、统计学、逼近论、凸分析、计算复杂性理论等多门学科。传统的机器学习方法有：Smolensky 的受限玻耳兹曼机(restricted Boltzmann machine，RBM)、Olshausen 和 Field 的稀疏编码(sparse coding，SC)等。2006 年，Hinton 基于人脑学习的思想提出的基于深度神经网络的机器学习方法，是目前主流的机器学习算法之一。

(4)计算机视觉

计算机视觉(computer vision，CV)是指用计算机代替人眼对目标进行识别、跟踪、测量等视觉工作，以及进行客体世界三维重建的过程。例如，从图片中重建三维世界的静态计算机视觉方法——运动恢复结构(structure from motion，SFM)，以及从图像流中实时重建三维世界的动态计算机视觉方法——即时定位与地图构建(simultaneous localization and mapping，SLAM)。

计算机视觉也可以看作研究如何使人工系统从图像或多维数据中"感知"的科学。它应用于过程控制(如工业机器人和无人驾驶汽车)、事件监测(如图像监测)、信息组织(如图像数据库和图像序列的索引创建)、物体与环境建模(如工业检查、医学图像分析和拓扑建模)、交感互动(如人机互动的输入设备)等领域。1982 年，Marr 发表的《视觉：从计算的视角研究人的视觉信息表达与处理》是计算机视觉的开山之作。

计算机视觉是一个独立发展起来的工作领域，一般认为它和机器学习的重叠度约为60%~70%。图 6-1 表示的是计算机视觉、人工智能、机器学习、深度学习和图像处理的相互关系。

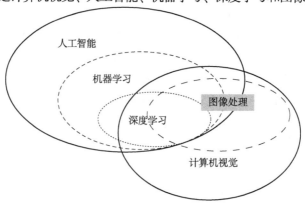

图 6-1 计算机视觉、人工智能等与图像处理的关系

深度学习还涉及对大数据(Big Data)的处理和应用、对云计算(cloud computing)的存储和计算需求(图 6-2)。随着深度学习在遥感图像处理领域的应用不断深入，对数据类型的拓展和综合使用，以及对计算资源和存储资源的需求都会呈几何级增大。

图 6-2　遥感图像机器学习的计算环境

6.2　深度学习与遥感图像处理

在图像处理中，深度学习技术是目前的技术前沿。深度学习技术的在各行各业都已展开，并取得了较多的成果。本节对普遍的图像处理和遥感图像的深度学习应用进行了介绍。需要注意的是，深度学习是机器学习的重要组成部分，机器学习中的大多数算法模型不可避免地被深度学习使用，并扩展其应用深度。

6.2.1　深度学习在通用图像处理中的应用

目前，深度学习在一般通用的图像处理工作中的应用可分为：目标识别、语义分割、目标检测和实例分割 4 种类型(图 6-3)。

①目标识别(object recognition)：检测和用 box 标注出所有的物体，并标注类别。

②语义分割(semantic segmentation)：是指机器自动从图像中分割出对象区域，并识别其中的内容。简单来说，在处理图像时，语义分割方法会将图像中每个像素分配到某个对象类别。

③目标检测(object detection)：是指在一张图片中找到并用 box 标注出所有的目标。目前，主流的目标检测算法主要是基于深度学习模型。目标检测算法可以分成两大类：two-stage 检测算法和 one-stage 检测算法。two-stage 检测算法是将检测问题划分为两个阶段，首先产生候选区域(region proposal)，然后对候选区域分类(一般还需要对位置精修)。这类算法的典型代表是基于 region proposal 的 R-CNN 系算法，如 R-CNN，Fast R-CNN，Faster R-CNN 等。one-stage 检测算法不需要 region proposal 阶段，直接产生物体的类别概率和位置坐标值，比较典型的算法如 YOLO 和 SSD。目标检测算法的主要性能指标是检测准确度和速度。对于准确度，目标检测应要考虑物体的定位准确性，而不仅是分类准确度。一般情况下，two-stage 算法在准确度上有优势，而 one-stage 算法在速度上有优势。

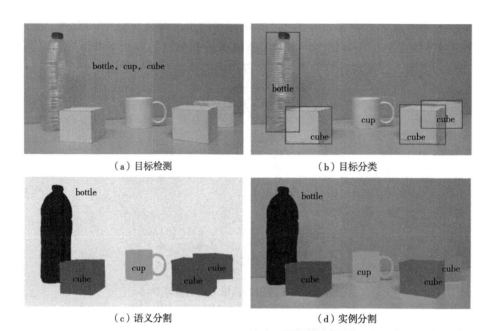

（a）目标检测 　　　　　　　　　　　　　（b）目标分类

（c）语义分割 　　　　　　　　　　　　　（d）实例分割

图 6-3　深度学习在通用图像处理中的应用

（引自《百度深度学习师资培训教材》）

④实例分割（instance segmentation）：是目标检测+语义分割的综合体。相对物体检测的边界框，实例分割可精确到物体的边缘；相对语义分割，实例分割可以标注图上同一物体的不同个体（杯子 1，杯子 2，杯子 3，…）。

6.2.2　深度学习在遥感图像处理中的应用

当今的遥感影像处理领域早已涉及深度学习的部分核心内容，只是因为 AI 在近年的井喷式发展，才使人们对深度学习又格外关注起来。例如，在遥感影像处理常用的监督学习中的最大似然分类、随机森林、支持向量机等，非监督学习中的 K 均值、独立自主值迭代算法等，都是在遥感图像处理领域早已普遍使用的成熟方法。深度学习在遥感图像处理中应用的方法可以分为监督学习（supervised learning）、非监督学习（unsupervised learning）、半监督学习（semi-supervised learning）、增强学习（reinforcement learning）和集成学习（multi-task learning）等。深度学习在遥感影像处理的应用方向大致可分为分类、聚合和预测 3 类（图 6-4）。

当前，深度学习在遥感图像处理中的应用还面临着一系列的问题和挑战。数据层面存在的问题和挑战主要有：①数据稀疏性问题，即模型需要通过大量已标记的数据进行训练，但现实中数据往往比较稀疏，对整体的代表性不强；②高数量和高质量标注数据需求不能被满足的问题，因为这需要大量人力和财力，一个小规模的机器学习公司很难完成；③冷启动问题，就是对于一个新的学习对象，往往面临数据不足、代表性强的"冷启动"问题；④泛化能力问题，即由于训练数据不能全面而平衡地代表真实数据，从而导致训练的模型在实际应用场景表现较差。

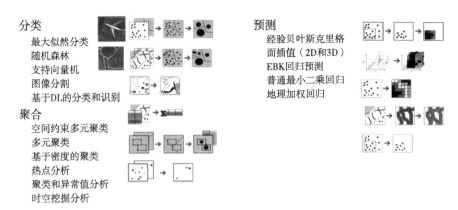

图 6-4　ArcGIS 中的深度学习(机器学习)方法

(引自《ArcGIS 10.7 培训教材》)

6.2.2.1　分类问题

分类问题是监督学习的核心问题。它从数据中学习一个分类决策函数或分类模型（classifier，分类器），以对新的输入进行输出预测；输出变量取有限个离散值。其常用算法有决策树(decision tree)、贝叶斯(Bayes' classifier)、支持向量机(support vector machine，SVM)、逻辑回归(logistic regression)等。以下以决策树为例进行介绍。

决策树是一个树形结构，每个非叶节点表示一个特征属性，每个分支边代表这个特征属性的判断结果的输出，最后每个叶节点存放一个类别，代表一种分类结果。其核心算法有 ID3 算法，C4.5 算法和 CART 算法等。其决策过程举例如下：从根节点开始，测试待分类项中相应的特征属性，并按照其值选择输出分支，直到叶子节点，将叶子节点存放的类别作为决策结果。决策树的构建步骤如下：

(1)特征选择

特征选择是指选取对训练数据具有分类能力的特征属性。决策树构建过程中的特征选择是非常重要的一步。特征选择是决定用哪个特征来划分特征空间。特征选择是要选出对训练数据集具有分类能力的特征，这样可以提高决策树的学习效率。一般常用的特征选择评价方法有以下几种：

信息熵：表示随机变量的不确定性，熵越大不确定性越大。

信息增益：信息增益=信息熵(前)−信息熵(后)

信息增益比：信息增益比=惩罚参数×信息增益。特征个数较多时，惩罚参数较小；特征个数较少时，惩罚参数较大。

基尼指数：表示集合的不确定性，基尼系数越大，表示不平等程度越高。

表 6-1 列举了几类不同特征选择算法的特征选择评价方法。

(2)决策树生成

在决策树的各个节点上，按照一定方法选择特征，递归构建决策树。

表 6-1　不同特征选择算法的特征选择评价方法

算法	支持模型	树结构	特征选择
ID3	分类	多叉树	信息增益
C4.5	分类	多叉树	信息增益比
CART	分类、回归	二叉树	基尼系数、均方差

（3）决策树剪枝

在已生成的树上，剪掉一些树枝或叶节点，从而简化分类树模型。在生成树的过程中，如果没有剪枝（pruning）操作，就会生成一个对训练集完全拟合的决策树，但这对测试集是非常不友好的，泛化（generalization）能力不足。因此，需要减掉一些枝叶，使模型泛化能力更强。剪枝一般分为预剪枝和后剪枝两种方法。

①预剪枝：通过提前停止决策树的构建而对决策树进行剪枝。一旦停止，节点就是叶子，该叶子持有子集中最频繁的类。决策树构建内容包括：a. 定义一个高度，当决策树达到该高度时就停止生长；b. 达到某个节点的实例具有相同的特征向量；c. 定义一个阈值（实例个数、系统性能增益等）。

②后剪枝：首先构造完整的决策树，然后对那些置信度不够的结点子树用叶子结点代替。该叶子的类标号用该结点子树中最频繁的类标记。相比预剪枝，这种方法更为常用，因为在预剪枝方法中很难精确地估计决策树何时停止增长。

6.2.2.2　回归问题

回归分析用于预测输入变量（自变量）和输出变量（因变量）之间的关系，特别是当输入变量的值发生变化时，输出变量值也随之发生变化。目前，回归方法主要有线性回归、多项式扩展、岭回归和 Lasso 回归等。

（1）线性回归

线性回归算法假设特征和结果满足线性关系。这就意味着可以将输入项分别乘以一些常量，再将结果加起来得到输出结果。其算法流程可总结如下：第一步，选择拟合的函数形式；第二步，确定损失函数形式；第三步，训练算法，确定回归系数；第四步，使用算法进行数据预测。回归算法中常使用的损失函数有 Sigmoid 函数、对数似然损失函数和 Softmax 函数等。二项式分布的最大熵解等价于二项式指数形式（Sigmoid）的最大似然；多项式分布的最大熵等价于多项式分布指数形式（Softmax）的最大似然。

（2）多项式扩展

多项式扩展可以认为是对现有数据进行的一种转换，通过将数据映射到更高维度的空间中，该模型就可以拟合更广泛的数据。它是一种对线性回归欠拟合问题的有效解决方案。具体来说就是用简单的基函数 Φ 人为替换输入变量 x。

$$y(X,\ W) = \omega_0 + \omega_1 x_1 + \cdots + \omega_D x_D \tag{6-1}$$

$$y(X,\ W) = \omega_0 + \sum_{j=1}^{M-1} + \omega_j \phi_j(x) \tag{6-2}$$

6.2.2.3　聚类问题

聚类问题是一种无监督学习的方法。该算法的思想是"物以类聚，人以群分"。聚类算法通过感知样本间的相似度，进行类别归纳，并对新的输入进行输出预测。该算法的输出变量取有限个离散值。常用的聚类模型有：单高斯模型、高斯混合模型、密度聚类、层次聚类和谱聚类等(图 6-5)。

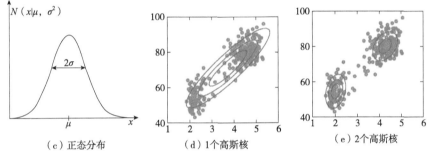

$$f(x|\mu,\ \sigma^2) = \frac{1}{\sqrt{2\sigma^2\pi}} \cdot e^{\left[-\frac{f(x-\mu)^2}{2\sigma^2}\right]}$$

（a）单高斯模型

$$p(x) = \sum_{i=1}^{K} \phi_i \frac{1}{\sqrt{2\sigma^2\pi}} \cdot e^{\left[-\frac{(x-\mu_i)^2}{2\sigma_i^2}\right]}$$

（b）高斯混合模型

（c）正态分布　　　（d）1个高斯核　　　（e）2个高斯核

图 6-5　常用的聚类模型
（引自《百度深度学习师资培训教材》）

单高斯模型：有时也被称为正态分布，是一种在自然界大量存在的、最为常见的分布形式。我们把含有一个高斯分布函数的模型称为单高斯模型。

高斯混合模型：是一个可以用来表示在总体分布中含有 K 个子分布的概率模型。换句话说，混合模型表示了观测数据在总体中的概率分布，它是一个由 K 个子分布组成的混合分布。也可以理解为多个高斯分布函数的线性组合。

混合高斯模型和K-均值很相似，相似点在于：两者的分类受初始值影响、两者可能限于局部最优解、两者类别的个数都要靠猜测。高斯混合模型的计算复杂度高于K-均值。

6.3　常见的深度学习框架

深度学习框架(deep learning framework)是一种已经搭建好的、能满足深度学习需求的交互式界面、软件库或工具，通过预置成熟算法或工具组件为使用者提供简洁的、可快速实现的深度学习基础。

一个成熟的深度学习框架可以让初学者节省数周至数月的时间，并能立即实现类似深度卷积神经网络这样的复杂模型，而不用写上百行代码从头构建一个深度学习模型。易用性是一个成熟深度学习框架的典型特征，社区支持和开源是目前主流深度学习框架的普遍特征。如在遥感图像处理领域最知名的 TensorFlow，以及国产的 PaddlePaddle 都实现了开源，并拥有大量的用户和良好的社区环境。表 6-2 所列是目前一些主流的深度学习框架。

表 6-2　主流深度学习框架

框架名称	维护团队	支持语言	支持系统	特　点
Caffe	加利福尼亚大学伯克利分校视觉与学习中心	C++、Python、MATLAB	Linux、Mac OS X、Windows	模块化、表示和实现分离、测试覆盖全面、接口丰富
TensorFlow	Google	C++、Python	Linux、Mac OS X、Windows、IOS、Android	高度灵活、强拓展性、自动求微分、可视化
MXNet	分布式机器学习社区（DMLC）	C++、Python、Julia、MATLAB、GO、R、Scala	Linux、Mac OS X、Windows、IOS、Android	支持多机多节点多 GPU、支持内存管理、支持 Torch
Torch	Facebook、Twitter、Google	Lua、LuaJIT、C	Linux、Mac OS X、Windows、IOS、Android	强大的 n 维数组，丰富的索引、切片，支持高效的 GPU
PyTorch	Facebook	Python	Windows、Linux、Mac OS X	强大的 GPU 加速，支持动态神经网络，支持动态图
Theano	蒙特利尔大学	Python	Linux、Mac OS X、Windows	紧密集成 Numpy、透明使用 GPU、高效符号分解、速度稳定性能优化、广泛单元测试与稳定性优化
IBM Watson	IBM	Python	Linux、Windows	强大的理解能力、智能的逻辑思考能力
CNTK	Microsoft	C++、Python	Linux、Windows	拥有高度优化的内建模型，以及有着良好的多 GPU 支持
Keras	Fchollet	Python	Windows、Linux	模块简洁、易懂、完全可配置、可随意插拔
Scikit-learn	志愿者团队	Python	Windows、Linux	拥有很高的灵活度，部署非常简单
Paddlepaddle	百度	Python	Windows、Mac OS X、Ubuntu、Cent OS	降低了对硬件的要求，缩短了研发周期，使端到端的深度学习变得简单、快速，训练速度更快

（续）

框架名称	维护团队	支持语言	支持系统	特　点
Deeplearning4j	Skymind	Java	Spark、Hadoop	可扩展并集成基于 Java 的分布式集成软件，尤其是 Spark 和 Hadoop，支持 CPU/GPU 集群分布式计算的开源框架
Chainer	Preferred Networks	Python	Linux、Windows	能够在单个机器上使用多个 GPU，是一个强大、灵活、直观的机器学习 Python 软件库

随着深度学习研究的深入，不断有新的框架加入深度学习这个大家庭，并在主要的软件开源网站上公开，如 GitHub 就是一个面向开源及私有软件项目的托管平台。学习者应随时予以关注，以获取最新的资源，提升学习效率。

虽然深度学习框架提升了学习效率，降低了对硬件的需求，但在多数场景下，学习者仍然受困于硬件限制，而无法完满实现一个深度学习任务。对此，国内外若干知名的深度学习领头羊公司都提供了免费或收费极低的云端计算资源，如谷歌、亚马逊和国内的阿里巴巴、百度等。这些云端计算资源同时整合了很多支持工程师和大量的学习资源，能快速解决学习者问题，入门较快。学习者应尽量多依靠云端计算资源来进行自己的深度学习工作，以达到快速入门，迅速提高的目的。

6.4　深度学习的一般过程

为便于学习者在脱离给定的遥感图像深度学习框架时，也能自如和正确地选择和改进模型，进行完整的深度学习工作。本节将就深度学习过程进行完整的介绍，不仅局限于遥感影像的处理过程。

在进行一个深度学习前，数据的准备、收集和预处理是深度学习任务的基础；特征工程为深度学习提供了更为精准和完备的训练材料，降低了训练的难度和时间（图 6-6）。

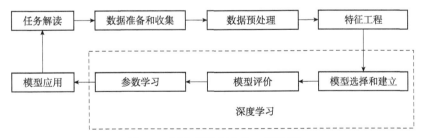

图 6-6　深度学习任务的一般流程

一个具体的深度学习过程是通过机器在一个函数集合中寻找最优函数的过程。其中既有人为参与的过程，也有赋权给机器进行网络自动学习的过程。图 6-7 示意给出了一个深度学习网络训练的过程。

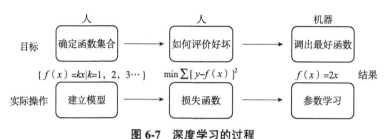

图 6-7 深度学习的过程
(改绘自《百度深度学习师资培训教材》)

6.4.1 数据预处理

在进行深度学习前，一般要先进行数据预处理，内容包括数据收集、数据清洗、数据集拆分和数据采样等。

①数据采集：是指对要进行深度学习的对象进行定义和收集数据的过程。

②数据清洗：是指对数据进行错误发现、纠正，分析处理异常数据，从而得到标准、干净、连续的数据，供机器深度学习使用的数据预处理过程。包括数据的完整性检查、合法性检查、一致性检查、唯一性检查和权威性检查等。

③数据集拆分：是指将数据集拆分成训练数据集、验证数据集和测试数据集的过程。训练数据集用来构建深度学习模型；验证数据集用来在训练构建模型过程中评价模型，提供无偏估计，进而优化模型参数；测试数据集用以确认模型效果和泛化能力。留出法（hold-out）和 K-折交叉验证法（K-fold cross validation）常被用来进行数据集的拆分。留出法是直接将数据集划分为互斥的集合，例如，通常选择 70% 的数据作为训练集，其余 30% 的数据作为测试集。需要注意的是，应保持划分后集合数据分布的一致性，避免划分过程中引入额外的偏差而对最终结果产生影响。K-折交叉验证法是将数据集划分为 K 个大小相似的互斥子集，并尽量保证每个子集数据分布的一致性。这样，就可以获取 K 组训练和测试集，K 取值通常为 10。

④数据采样：针对训练数据集类别分布不均匀的情况进行恰当的数据重采样处理。例如，一个二分类问题，理想的情况是正负样本数量基本一致，但如果有 1999 个正样本，而只有 1 个负样本，就存在着数据不平衡（imbalance），这时即使预测全部为正样本的准确率达到 99%，也不能反映模型的好坏。针对该类问题，一般有两类解决方案：过采样（over-sampling）和欠采样（under-sampling）。过采样是指通过随机复制少数类来增加其数量，从而增加样本中少数类的代表性；欠采样是指通过随机消除占多数的类样本数量来平衡类间分布格局，直到多数类和少数类实现数量平衡。

6.4.2 特征工程

特征工程是指从原始数据中提取有用信息，排除无用和冗余信息，供深度学习模型使用，以降低模型构建和训练成本，提高模型能力的一项工程。特征工程一般包括特征选择、特征降维、特征编码和规范化等方面。

(1)特征选择

特征选择是排除无关信息、选择有意义特征的过程。一般从两个方面来考虑特征的选择：第一个方面是特征与模型目标的相关性大小，相关性大的特征优先选择；第二个方面是特征是否发散，特征不发散，意味着样本在本特征上不易区分差异。一般采用过滤法（filter）、包裹法（wrapper）和嵌入法（embedded）等进行特征选择。过滤法是按照发散性或者相关性对各个特征进行评分，通过设定阈值或者选择阈值的个数来选择特征。常用的过滤方法有方差选择法、相关系数法、卡方检验法和互信息法等。包裹法是首先选定特征算法，然后通过不断采用启发式方法来搜索特征，每次选择若干特征或排除若干特征。常用的方法为递归特征消除法。嵌入法是利用正则化（regularization）的思想，首先使用某些机器学习算法和模型进行训练，得到各个特征的权重系数，然后将部分特征属性的权重调整到 0，则此特征即被舍弃。嵌入法一般包括基于惩罚项的特征选择法和基于树模型的特征选择法（正则化的详细介绍请参见推荐阅读）。

(2)特征降维

特征降维（feature dimension reduction）是指从初始高维特征集合中选出低维特征集合，以便根据一定的评估准则最优化缩小特征空间的过程。即在特征选择完成后，可能存在特征矩阵过大的情况，如果计算资源不足，则会由于数据量过大而导致计算量巨大、训练时间过长而无法接受，因此，降低特征矩阵维度是解决此问题的较佳途径。一般方法包括主成分分析（PCA）和线性判别分析（LDA）等。

(3)特征编码

特征编码是指将数据中不能直接进行计算的字符串等信息转化为数值形式编码的过程。常用的方法有 One-Hot 编码和 Word2vec 编码等。

(4)规范化

规范化是指为解决数据之间由于属性不同而造成在量纲上存在较大差异的情况而进行的数据处理过程。规范化一般使用的方法有标准化、区间缩放、归一化等。

6.4.3　模型准备

根据要解决的问题来选择相应的模型。例如，进行图像语义分割常用的模型有 FCN、Unet、Deeplab 等；进行图像目标识别的模型有 SSD、MaskRcnn 等。典型的神经网络模型主要由输入层、隐藏层和输出层三个部分组成（图 6-8）。每个层都包含一定数量的神经元。一般来说，隐含层越多意味着网络越深，同时也意味着计算量越大。

卷积神经网络是一种有效降低计算量的网络结构，这种网络的建立意味着

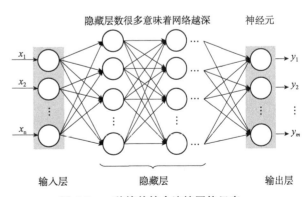

图 6-8　一种简单的全连接网络示意
（引自《百度深度学习师资培训教材》）

可以用更多数量的隐含层来计算特征，从而提升寻找最优函数的能力和效率。卷积神经网络一般由输入层、卷积层、池化层、全连接层和输出层等组成(图6-9)。在构建神经网络时，应重点考虑在图像特征工程的基础上形成的神经元特征和数量，隐含层的配置数量，本类神经网络是否适合本研究目标的网络结构，是否需要选择其他神经网络模型等。

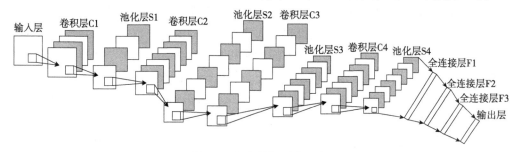

图 6-9　卷积神经网络示意

(此网络中包含 1 个输入层、4 个卷积层、4 个池化层、3 个全连接层和 1 个输出层)

6.4.4　模型性能评价

模型的性能评价又可称为损失函数的设定，其反映的是模型预测结果和实际结果之间的差异。不同的学习任务应选择相适应的损失函数，才能获得恰当的评价结果。模型的性能评价一般由经验误差和泛化误差两部分组成。经验误差是指模型在训练集上的误差，泛化误差是指模型在"未来"样本中的误差。模型一般不可能在经验误差和泛化误差上都做到误差一致(或最小)，需要取得一个平衡，获得一种"合适拟合"(图6-10)。其评价一般遵守 AIC 准则(akalike information criterion)或 BIC 准则(bayesian information criterion)。

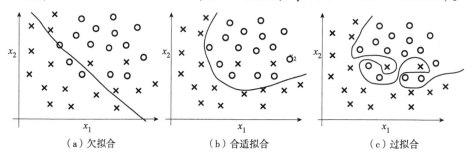

图 6-10　模型拟合程度

(引自《百度深度学习师资培训教材》)

(1)分类模型的性能评价

常用的分类模型评价函数有准确率、平均准确率、精确率和召回率等(表6-3)。

表 6-3　分类结果混淆矩阵

真实情况	预测结果	
	正例	反例
正例	TP(真正例)	FN(假反例)
反例	FP(假正例)	TN(真反例)

①准确率(accuracy)：分类正确的样本个数占所有样本个数的比例。

$$\text{accuracy} = \frac{TP+TN}{TP+FN+FP+TN} \tag{6-3}$$

②平均准确率(average per-class accuracy)：每个类别下准确率的算术平均。

$$\text{average\_accuracy} = \frac{\dfrac{TP}{TP+FN}+\dfrac{TN}{TN+FP}}{2} \tag{6-4}$$

③精确率(precision)：分类正确的正样本个数占分类器所有的正样本个数的比例。

$$\text{precision} = \frac{TP}{TP+FP} \tag{6-5}$$

④召回率(recall)：分类正确的正样本个数占正样本个数的比例。

$$\text{recall} = \frac{TP}{TP+FN} \tag{6-6}$$

⑤F1-score：精确率与召回率的调和平均值，它的值更接近于 precision 与 recall 中较小的值。

$$\text{F1} = \frac{2 \cdot \text{precision} \cdot \text{recall}}{\text{precision}+\text{recall}} \tag{6-7}$$

(2)聚类模型的性能评价

外部指标对数据集 $D = \{x_1, x_2, \cdots, x_m\}$，假定通过聚类给出的簇划分为 $C = \{C_1, C_2, \cdots, C_m\}$，参考模型给出的簇划分为 $C^* = \{C_1^*, C_2^*, \cdots, C_m^*\}$，通过比对 C 和 C^* 来判定聚类结果的好坏。一般来说，内部指标对聚类数据结构上的描述中，类内距离小，类间距离大较好。

①DB 指数(davies-bouldin index, DBI)：衡量同一簇中数据的紧密性，越小越好。
②Dunn 指数(dunn index, DI)：衡量同一簇中数据的紧密性，越大越好。
③Silouette：衡量同一簇中数据的紧密性，越大越好。
④Modurity：衡量模块性，越大越好。
其他指标还有 Jaccard 系数、FM 指数、Rand 指数、纯度、熵、互信息、Adjusted Rand Index(ARI)、F-measure、Probabilistic Rand Index (PRI)等。

(3)回归模型的性能评价

常用的评价函数有平均绝对误差、平均平方误差和均方根误差等。

①平均绝对误差(mean absolute error, MAE)：又被称为 L1 范数损失(L1-norm loss)：

$$MAE(y, \hat{y}) = \frac{1}{n_{\text{samples}}} \sum_{i=1}^{n_{\text{samples}}} |y_i - \hat{y}_i| \tag{6-8}$$

②平均平方误差(mean squared error, MSE)：又被称为 L2 范数损失(L2-norm loss)：

$$MSE(y, \hat{y}) = \frac{1}{n_{\text{samples}}} \sum_{i=1}^{n_{\text{samples}}} (y_i - \hat{y}_i)^2 \tag{6-9}$$

③均方根误差($RMSE$)：又称为标准误差，是平均平方误差(MSE)的算术平方根。

④R Squared：是将预测值跟只使用均值的情况下相比的误差情况。

$$R^2 = 1 - \frac{\left[\sum_i (\hat{y}_i - y_i)^2\right]/m}{\left[\sum_i (\hat{y}_i - y_2)^2\right]/m} = 1 - \frac{MSE(\hat{y}, y)}{Var(y)} \qquad (6\text{-}10)$$

6.4.5 超参数的设定

机器学习中的超参数（hyper-parameters，简称超参）是指在开始学习前根据经验预先设定好数值的参数，包括迭代次数、隐藏层的层数、每层神经元的个数、学习速率等，而不是通过模型训练后得到的参数（parameters），如权重（w）和偏置（b）等。一般情况下，需要不断对超参数进行优化，以获得一组超参组合来满足最佳模型学习效果。

一般情况下，超参的设置都是根据专家的经验经手工设定，不断试错调整，或者对一系列穷举出的参数组合进行枚举来获得最优超参组合。在超参设置时，有些超参数是在一个范围内进行均匀随机取值，如隐藏层神经元结点的个数、隐藏层的层数等。但另外一些超参数需要按照一定的比例，在不同的小范围内进行均匀随机取值。以学习率 α 的选择为例，在 0.001，…，1 范围内进行选择的时候，应该在 0.001~0.01、0.01~0.1、0.1~1 不同比例范围内进行均匀随机取值选择，这样才能保证选择的概率较为平均。

有些模型有自己独特的超参数调优方法，例如，SKlearn 提供了两种通用调优方法：网络搜索交叉验证（grid search CV）和随机采样交叉验证（randomized search CV）。网络搜索交叉验证就是以穷举的方式遍历所有可能的超参组合。

6.4.6 参数学习

参数学习是深度学习的核心内容，其任务是优化模型自身的各种参数，最终获得某一组参数下的模型能够最佳满足深度学习任务。其关键是优化损失函数，即降低模型预测值与真实值之间差异的过程。参数学习常用的方法有：梯度下降法、牛顿法、拟牛顿法、共轭梯度法、Momentum、Nesterov Momentum、Adagrad、RMSprop、Adam 等。本节以经常使用的梯度下降法来举例说明参数学习的过程。

梯度下降法（gradient descent）是一种常见的一阶优化方法，其核心是对每个神经网络层的函数参数使用梯度下降的方式进行优化，以获得最优函数的那组参数。它是一种快速确定损失函数收敛点的较好方法。在梯度下降法调优中有比较重要的 3 个因素：步长、初始值和归一化。

步长（learning rate）：步长又称学习率，决定了在梯度下降迭代的过程中，每一步沿梯度负方向前进的长度。以下山来举例，步长就是在当前这一步所在位置沿着最陡峭最易下山的位置走的那一步的长度。步长太小，收敛慢；步长太大，则会远离最优解。所以需要从小到大，分别测试，选出一个最优解。同时，合理的步长可以确保梯度下降算法在合理的时间内收敛。

初始值：随机选取初始值，当损失函数是非凸函数时，找到的解可能是局部最优解，需要多测试几次，从局部最优解中选出最优解。当损失函数是凸函数时，得到的解就是最优解。

归一化：如果不进行归一化，会收敛的很慢，会形成"之"字的路线。

损失函数（loss function）：为了评估模型拟合的好坏，通常利用损失函数度量拟合的程度。损失函数极小化，意味着拟合程度最好，对应的模型参数即为最优参数。例如，在线性回归中，损失函数通常为样本输出和假设函数的差取平方。

图 6-11 是一条各组参数所构建模型的所有损失函数总曲线。目标是找到损失值最小的点，在该点的参数所构建的函数就是深度学习的最优解。其步骤是：首先，选择一个初始值，计算曲线在该点处的梯度（斜率），因为梯度是有方向和大小的，所以我们总是选择那个负梯度最大的方向；其次，沿负梯度方向以前期确定的步长移动到下一个点，计算该点的梯度；然后，如此重复，逐渐接近最低点，即总损失值最小的点，最终获得最优模型。

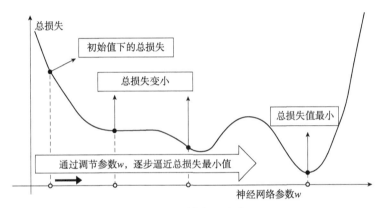

图 6-11　梯度下降法

（引自《百度深度学习师资培训教材》）

梯度下降法可以分为以下几类。

批量梯度下降法（BGD）：计算梯度时使用所有的样本，这样每次计算出的梯度都是当前最优的方向。其优点是迭代次数少，若损失函数为凸函数，能够保证收敛到全局最优解；若为非凸函数，能够收敛到局部最优值。缺点是训练速度慢，需要内存大，不支持在线更新。

随机梯度下降法（SGD）：和批量梯度下降法原理类似，区别在与求解梯度时没有采用所有的 m 个样本的数据，而是仅仅选取一个样本 j 来求解梯度。其优点是，训练速度快，支持在线更新，存在跳出局部最优解的概率。缺点是，容易收敛到局部最优，并且容易被困在鞍点，迭代次数多。

小批量梯度下降法（MBGD）：是批量梯度下降法和随机梯度下降法的折衷，也就是对于 m 个样本，我们采用 x 个样本来迭代，$1<x<m$。一般可以取 $x=10$。

6.4.7　模型泛化

泛化（generalization）是指在机器学习方法中，学习到的模型对未知数据的预测能力。在实际情况中，通常通过测试误差来评价模型的泛化能力。如果在不考虑在数据量不足的情况下出现模型的泛化能力差，那么其原因基本为对损失函数的优化没有达到全局最优。泛化误差可以直观理解为以自然指数的形式与假设空间的复杂度呈正比，与数据量的个数呈反比。也就是说，数据量越多，模型效果越好；模型假设空间复杂度越简单，模型效果越好。提高泛化能力大致有 3 种方式：增加数据量、正则化、凸优化。

如果深度学习模型经过训练后，被评价为泛化能力强，则可认为此模型已经达到了深度学习的目的，可以应用于实际工作。

6.5 ENVI 深度学习

本节以遥感领域应用较为广泛的图像处理软件 ENVI 为平台为例，介绍如何利用其实现遥感分类的深度学习。

6.5.1 ENVI 深度学习模块

目前，ENVI 提供了一个深度学习模块，即 ENVI Deep Learning Module(EDLM)，可以在 ENVI 5.5 及以上版本中安装使用该模块。EDLM 是面向空间信息从业者，基于深度学习框架 TensorFlow 开发的遥感图像分类工具。其优点是空间信息从业者不需要具备深度学习和程序开发等背景知识就能轻松上手，从而实现建筑物、道路、农作物种类等特征信息提取。

6.5.1.1 ENVI 深度学习模块的特点

ENVI 深度学习模块具有算法成熟、界面友好、操作便捷的特点。EDLM 既可在 ENVI 桌面中使用，也可以部署到企业级平台中。意味着可以和 ENVI 其他工具结合使用，包括 ENVI 支持的所有数据格式。

图 6-12 是 ENVI Deep Learning Module 包含的工具，其中 Deep Learning Guide Map 是 ENVI 深度学习模块使用的向导式工具，包括了深度学习的整套流程，其他工具则是对应于以下各个步骤的相关工具。

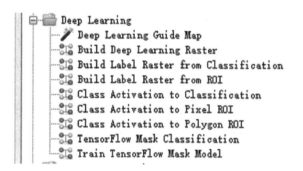
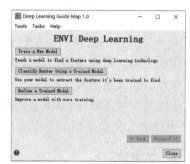

图 6-12　ENVI Deep Learn Module 工具箱

6.5.1.2 ENVI 深度学习模块的使用步骤

ENVI Deep Learning Module 的使用主要包括 4 个步骤：创建训练样本、创建模型、训练模型和图像分类。第一个步骤是模型训练好坏的前提，需要使用者提供分类准确的样本信息；第二和第三个步骤是深度学习的核心部分，所消耗的硬件资源也最大；第四个步骤是应用模型进行实际分类实践。ENVI 提供的工具在后期可以不断增加训练样本，强化学习模型库。

6.5.2 ENVI 图像分类的深度学习实例

下面我们用一个实例来介绍在 ENVI 中如何完成一个深度学习，以对图像进行自动分类。

第一步：创建训练样本

ENVI Deep Learning Module 支持多种方式获取训练样本，包括 ENVI 感兴趣区(ROI)、ENVI 特征标记、ENVI 传统分类方法的结果、从 Open Street Maps, ArcGIS Pro 等平台获取的标记数据。下面介绍通过 ROI 来创建标签数据。

①打开 ENVI：双击█进入 ENVI 界面，点击█按钮[图 6-13(a)]，将需要处理的图像选中加载进来或者直接将图像直接拖入到操作界面中[图 6-13(b)]。

 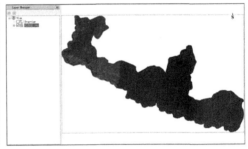

（a）打开界面 　　　　　　　　　　　　　　　（b）加载图像

图 6-13　打开要进行训练的影像

②矢量转 ROI：利用 ROI 工具，将矢量转换为 ROI(输入矢量数据，利用 ROL 工具导出)(图 6-14)。

③创建标签图像：用 Build Label Raster from Classification 工具利用 ROI 创建标签图像(图 6-15)。

④创建标签(lable)：使用 Build Label Raster from ROI 工具利用 ROI 创建标签(图 6-16)。

至此，我们创建了模型学习所需的样本数据，为下一步的模型训练奠定了基础。

第二步：创建和训练模型

在训练模型工具面板中，输入的模型可以是初始化的新的学习模块库，也可以导入已有的模型库进行加强学习优化。另外，模型训练对计算机硬件的要求较高，使用者需根据自己的硬件配置来选择模型的复杂程度和训练次数。图 6-17 给出了训练所需时间的示意。

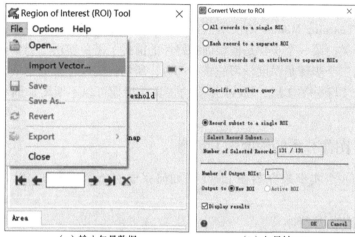

（a）输入矢量数据　　　　　　（b）矢量转ROI

图 6-14　矢量转 ROI

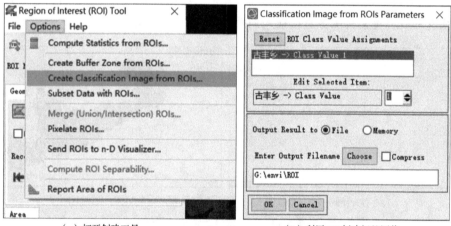

（a）打开创建工具　　　　　　（b）利用ROI创建标签图像

（c）标签图像

图 6-15　创建标签图像

图 6-16　创建标签

图 6-17　不同配置计算机训练时间示意图

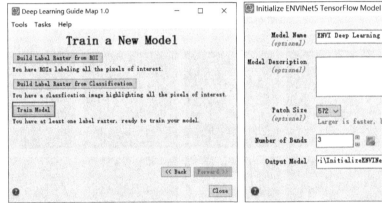

（a）开启训练模型　　　　　　（b）进行模型初步设置

图 6-18　开启一个训练模型

①初始化 TensorFlow 训练模型（图 6-18）。

②创建并训练基于掩模的 tensorflow 模型（图 6-19）。

模型训练完成后，就可以进入下一个步骤，即对目标图像进行分类。

第三步：影像分类

本次深度学习最终的目的是为了从图像上获取所需要的分类信息。首先加载待分类图像［图 6-20（a）］，然后使用训练好的模型进行自动图像分类［图 6-20（b）］，从而得到最终分类结果图像。

最终得到的分类结果，部分示意如图 6-21 所示。

图 6-19　模型训练参数设置

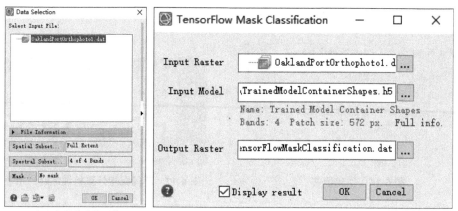

（a）加载待分类图像　　　　　　　　　（b）加载模型进行分类

图 6-20　图像分类

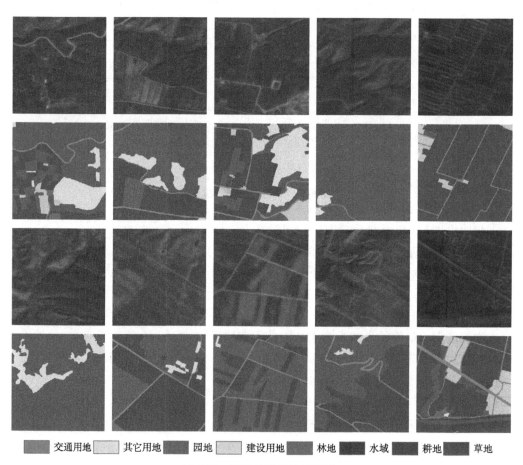

■ 交通用地　□ 其它用地　■ 园地　□ 建设用地　■ 林地　■ 水域　■ 耕地　■ 草地

图 6-23　图像分类结果示意图

☰ 推荐阅读

推荐阅读 1：激活函数

在神经网络中，激活函数决定来自给定输入集的节点的输出，其中非线性激活函数允许网络复制复杂的非线性行为。正如绝大多数神经网络借助某种形式的梯度下降进行优化，激活函数需要是可微分（或者至少是几乎完全可微分的）。此外，复杂的激活函数也许产生一些梯度消失或爆炸的问题。因此，神经网络倾向于部署若干个特定的激活函数（identity、sigmoid、ReLU 及其变体）等。常用的激活函数介绍如下：

Sigmoid 函数：因其在 Logistic 回归中的重要地位而被人熟知，值域在 0~1 之间。Logistic Sigmoid（通常称 Sigmoid）激活函数给神经网络引进了概率的概念。它的导数是非零的，并且很容易计算（是其初始输出的函数）。然而，在分类任务中，Sigmoid 正逐渐被 Tanh 函数取代作为标准的激活函数，因为后者为奇函数（关于原点对称）

ReLU：修正线性单元（rectified linear unit，ReLU）是神经网络中最常用的激活函数。它保留了 step 函数的生物学启发（只有输入超出阈值时神经元才激活），不过当输入为正的时候，导数不为零，从而允许基于梯度的学习（尽管在 $x=0$ 的时候，导数是未定义的）。使用这个函数能使计算变得很快，因为无论是函数还是其导数都不包含复杂的数学运算。然而，当输入为负值的时候，ReLU 的学习速度可能会变得很慢，甚至使神经元直接无效，因为此时输入小于零而梯度为零，从而其权重无法得到更新，在剩下的训练过程中会一直保持静默。

Tanh：在分类任务中，双曲正切函数（Tanh）逐渐取代 Sigmoid 函数作为标准的激活函数，其具有很多神经网络所钟爱的特征。它是完全可微分的，反对称，对称中心在原点。为了解决学习缓慢和/或梯度消失问题，可以使用这个函数的更加平缓的变体（log-log、softsign、symmetrical sigmoid 等等）

推荐阅读 2：正则化

正则化是指为了减少模型的测试误差，对损失函数中的某些参数加入额外限制项的过程。一般是当模型出现过拟合（overfit）现象（训练集表现很好，测试集表现较差）时，会导致模型的泛化（generalization）能力较低，这时候，我们就需要使用正则化，以降低模型的复杂度。常用的额外项一般有两种，一般称作 $\ell1$-norm 和 $\ell2$-norm，中文称作 L1 正则化和 L2 正则化，或者 L1 范数和 L2 范数，还有一种综合前两种方法的 Elastic Net 方法。L1 正则化和 L2 正则化可以看作是损失函数的惩罚项。所谓"惩罚"是指对损失函数中的某些参数做一些限制。对于线性回归模型，使用 L1 正则化的模型称为 Lasso 回归，使用 L2 正则化的模型称为岭回归（Ridge 回归）。

✎ 思考题

1. 什么是深度学习？它和计算机视觉的关系怎样？
2. 目前主流的深度学习框架有哪些？
3. 如何选择激活函数？
4. 如何进行超参数的设定？
5. 如何选择训练集、验证集？

参考文献

Andraw N G, 2019. Machine Learning Yearning [Z]. deeplearning-ai/ machine-learning-yearning-cn.

Geoffrey E H, Simon O, Yee-Whye T, 2006. A fast learning algorithm for deep belief nets [J]. Neural Computation, 18(7): 1527-1554.

第7章

遥感制图

遥感制图是指利用遥感图像根据专业的需要，在指定的区域内，处理和判读遥感图像，制作或更新地图和专题图的技术。遥感图像制图的成果包括：地形图、各种专题地图和影像地图等。在遥感制图中一般都需要对图像进行几何校正、投影变换等处理。所以，必须要掌握一定的地图数学基础知识。

7.1 地图数学基础

7.1.1 地球体的基本特征

随着科技的发展，人们对地球的形状已经有了明确的认识：地球并不是一个正球体，而是一个两极稍扁、赤道略鼓的不规则球体，地球的平均半径为 6 371km，最大周长约4×10^4km，表面积约 5.1×10^8 km^2。但得到这一正确认识却经过了相当漫长的过程。总体来说，地球的形状像一只梨子：它的赤道部分鼓起，是它的"梨身"；北极有点放尖，像个"梨蒂"；南极有点凹进去，像个"梨脐"。因此，地球被称为"梨形地球"。确切地说，地球是个三轴椭球体。在 19 世纪，经过精密的重力测量和大地测量，发现赤道也并非正圆，而是一个椭圆，直径的长短也有差异。这样，从地心到地表就有三根不等长的轴，所以测量学上又采用三轴椭球体来表示地球的形状。椭圆有两轴，长轴和短轴，那么椭球便有三轴。所以，地球体是一个极半径略短、赤道半径略长，北极略突出、南极略扁平，不规则的近似椭球体。地球之所以形成现在的形状，是由于它不仅要绕着太阳公转，同时还要自转，而地球的表面既有陆地又有海洋，为了保持内部的引力平衡，在各方"争斗"下，就形成了这个怪模样。人们对于地球形状的认识发展过程可总结如下（表 7-1）。

7.1.1.1 地球的自然表面

地球的自然表面即地表，可以认为就是地面，其极不规则，有高山、丘陵、平原和海洋。因形态复杂，如赤道半径与极轴半径相差 21km；珠穆朗玛峰 8 848.86m 与马里亚纳海沟 11 034m 之间高差达 20km，所以无法进行简洁的数学运算，难以直接作为测量、制

表 7-1　对地球形状的认识发展过程

认识阶段	结　　论
盖天说	天圆地方
浑天说	天之包地，犹壳之裹黄
麦哲伦环球航行	地球是一个球体
现代探测技术	地球是一个两极稍扁、赤道略鼓的不规则球体

图的基准面。

7.1.1.2　地球的物理表面

地球在与重力方向垂直的方向可有无数个曲面，每个曲面上重力位相等，重力位相等的面被称为重力等位面，即水准面。为建立坐标体系，需要用与地球自然表面接近的规则曲面代替自然表面。1873 年，德国数学家利斯廷首次提出了大地水准面的概念。大地水准面是指，假定海水静止不动，将海水面无限延伸，穿过大陆包围地球的球面。它实际是一个起伏不平的重力等位面——地球物理表面。

在实际测量中，往往选择一个平均海水面代替大地水准面，作为统一的高程基准面。但因地球内部物质分布不均匀，引起重力变化，使大地水准面产生起伏，所以，大地水准面也不是一个规则的椭球面。

7.1.1.3　地球数学表面

假想将大地体绕短轴(地轴)飞速旋转，以形成一个表面光滑的球表面。它是一个规则的数学表面，所以视其为地球的数学表面。这个旋转形成的形体称为地球椭球体。这是对地球形体的二级逼近，是用于测量计算的基准面。一般测量都是以其为几何参考面，将大地水准面上测得的数据统一归算其上。

地球形状测定后，还必须确定大地水准面与椭球体面的相对关系。即确定与局部地区大地水准面最为符合的一个地球椭球体——地球形参考椭球体。这项工作就是参考椭球体定位。确定地球椭球体必须有以下基本参数：

长半轴(赤道半径)　　　　　　　　a

短半轴(极半径)　　　　　　　　　b

椭球的扁率　　　　　　　　参考椭球$(a-b)/a$

第一偏心率　　　　　　$e^2=(a^2-b^2)/a^2$

第二偏心率　　　　　　$e^2=(a^2-b^2)/b^2$

参考椭球包括局部参考椭球和总参考椭球。总参考椭球与全球大地水准面拟合最好，如 WGS84 参考椭球；而局部参考椭球则与某一地区的局部大地水准面拟合最好，如克拉索夫斯基椭球(表 7-2)。参考椭球的确定，标志着一个大地基准或大地坐标系建立。

表 7-2　常见椭球体及参数

椭球体名称	时间	长半轴(m)	短半轴(m)	扁　率
Hayford(海福特)	1910	6 378 388	6 356 912	1 : 297
Krasovsky(克拉索夫斯基)	1940	6 378 245	6 356 863	1 : 298.3
IAG75(1975 国际椭球)	1975	6 378 140	6 356 755	1 : 298.257
WGS84 椭球体	1984	6 378 137	6 356 752.314 245 179 5	1 : 298.257 223 563
CGCS2000 椭球体	2000	6 378 137	6 356 752.314 140 355 8	1 : 298.257 222 101

大地水准面与参考椭球面的相对关系，如图 7-1 所示，可在适当地点选择一点 P，设想把椭球体和大地体相切，切点 P′位于 P 点的铅垂线方向上，这时，椭球面上 P′的法线与该点对大地水准面的铅垂线相重合，并使椭球的短轴与地球自转轴平行。P 点则称为大地原点。

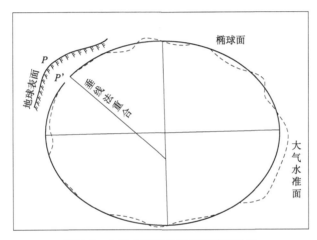

图 7-1　大地水准面与参考椭球面关系

7.1.2　地球坐标系统

7.1.2.1　地球坐标系分类

(1) 按椭球(坐标系)的中心(原点)分

按椭球(坐标系)的中心(原点)可将地球坐标系划分为地心坐标系和参心坐标系。

①地心坐标系：坐标原点与地球质心重合的坐标系。世界大地坐标系 WGS 84(world geodetic system)和中国 CGCS2000 坐标系是地心坐标系。

②参心坐标系：坐标系原点在参考椭球体中心，不与地球质心重合。北京 54 坐标系采用克拉索夫斯基椭球体，属于参心坐标系。西安 80 坐标系也属于参心坐标系。

(2) 按地面点(空间点)的位置表示方式分

按地面点(空间点)的位置表示方式可将地球坐标系分为：地理坐标系(球面坐标系)和平面直角坐标系。

①地理坐标系：是采用经度、纬度表示地面点位的球面坐标系。地理坐标用经纬度表示，常采用 3 种经纬度：天文经纬度、大地经纬度和地心经纬度。

a. 天文经纬度：是指以地面某点铅垂线和地球自转轴为基准的经纬度。纬度是通过某点铅垂线与赤道夹角；经度是过观测点子午面与本初子午面夹角。

b. 大地经纬度：是大地经度与大地纬度的合称。地球表面是不规则面，为了能用数学方法表示，把它设想成一个大小和扁率与地球最为接近的旋转椭球体，称为地球椭球体。通过地球椭球体中心，并同其旋转轴垂直的平面，称为椭球体赤道面，它与地球表面相交的线，称为赤道；通过地面上某点 A 和地球椭球体旋转轴的平面，称地面上某点 A 的大地子午面。地面上某点 A 的大地子午面与起始大地子午面(本初子午面)间的夹角 L，称为大地经度。通过地面上某点 A 的地球椭球体的法线与赤道平面的夹角 B，称为大地纬度。

c. 地心经纬度：地面某点与地心之间连线和地球自转轴的平面，称为地心子午面。地面上某点 A 的地心子午面与本初子午面之间的夹角，称为地心经度；地面上某点 A 同地心之连线与地球赤道面所成的夹角，称为地心纬度。地心经纬度相比天文经纬度和大地经纬度，多了各点地球半径的改正。天文经纬度以地球实际地形情况为基准确定，可以说是一个测量上的坐标；而大地经纬度则忽略具体地形情况，转而将地球设想为一个最接近的理想椭球体，再确定经纬度。

②平面直角坐标系：将整个地表或某一部分投影到平面后，为了在地图上准确地定位，必须使用平面坐标系统。经由投影的过程，把球面坐标换算为平面直角坐标，以便于印刷与计算角度与距离。目前，普遍采用的一种投影，即横轴墨卡托投影(transverse mecator projection)，又称为高斯—克吕格投影(Gauss-Kruger projection)，在小范围内保持形状不变，对于各种应用较为方便。这种投影可以想象成将一个圆柱体横躺，套在地球外面，再将地表投影到这个圆柱上，然后将圆柱体展开成平面。圆柱与地球沿南北经线方向相切，这条切线称为中央经线。为了在地图上用数字来确定某个位置，需要使用笛卡儿坐标，它的 y 轴正向指向东，x 轴正向指向北。与地理和地心坐标不同，该坐标只在一定的范围内有效(如一个投影带)。

7.1.2.2 我国常见的几种坐标系统

(1) 北京 54 坐标系(BJZ54)

北京 54 坐标系为参心大地坐标系，大地上的一点可用经度 L54、纬度 M54 和大地高 H54 定位，它是以克拉索夫斯基椭球为基础，经局部平差后产生的坐标系。1949 年以后，我国大地测量进入了全面发展时期，在全国范围内开展了正规的、全面的大地测量和测图工作，迫切需要建立一个参心大地坐标系。我国采用了克拉索夫斯基椭球参数，并与苏联 1942 年坐标系进行联测，通过计算建立了我国的大地坐标系，定名为 1954 年北京坐标系。因此，1954 年北京坐标系可以认为是苏联 1942 年坐标系的延伸。它的原点不在北京而是在苏联的普尔科沃。北京 54 坐标系，长轴 6 378 245m，短轴 6 356 863m，扁率 1/298.3。

(2) 西安 80 坐标系

1978 年 4 月，在西安召开的全国天文大地网平差会议，确定重新定位建立我国新的坐标系。为此确立了 1980 年国家大地坐标系。1980 年国家大地坐标系采用地球椭球基本参数为 1975 年国际大地测量与地球物理联合会第十六届大会推荐的数据，即 IAG75 地球椭球体。该坐标系的大地原点设在我国陕西省泾阳县永乐镇，位于西安市西北方向约 60km，又简称西安大地原点。该坐标系的基准面采用青岛大港验潮站 1952—1979 年确定的黄海平均海水面（即 1985 国家高程基准）。西安 80 坐标系，属参心坐标系，长轴 6 378 140m，短轴 6 356 755m，扁率 1/298. 257 221 01。

(3) WGS84 坐标系

WGS84 坐标系（world geodetic system）是一种国际上普遍采用的地心坐标系。坐标原点为地球质心，其地心空间直角坐标系的 Z 轴指向国际时间局（BIH）1984. 0 定义的协议地极（CTP）方向，X 轴指向 BIH1984. 0 的协议子午面和 CTP 赤道的交点，Y 轴与 Z 轴、X 轴垂直构成右手坐标系，称为 1984 年世界大地坐标系。这是一个国际协议地球参考系统（ITRS），是目前国际上统一采用的大地坐标系。GPS 广播星历是以 WGS84 坐标系为根据的。WGS84 坐标系，长轴 6 378 137. 000m，短轴 6 356 752. 314m，扁率 1/298. 257 223 563。由于采用的椭球基准不一样，并且由于投影的局限性，使得全国各地的转换参数不一致。对于这种量较大的转换，有条件的话，一般都采用 GPS 联测已知点，应用 GPS 软件自动完成坐标的转换。当然若条件不许可，且有足够的重合点，也可以进行人工解算。

(4) 2000 国家大地坐标系

2000 国家大地坐标系，是我国当前最新的国家大地坐标系。英文名称为 China Geodetic Coordinate System 2000，英文缩写为 CGCS2000。2000 国家大地坐标系是全球地心坐标系在我国的具体体现，其原点为包括海洋和大气的整个地球的质量中心。2000 国家大地坐标系采用的地球椭球参数如下：

长半轴：$a = 637\ 813\ 7$m　　　　自转角速度：$\omega = 7.\ 292\ 115 \times 10^{-5}$rad/s

扁率：$f = 1/298.\ 257\ 222\ 101$　　短半轴：$b = 6\ 356\ 752.\ 314\ 14$m

地心引力常数：GM $= 3.\ 986\ 004\ 418 \times$　　极曲率半径 $6\ 399\ 593.\ 625\ 86$m

$1\ 014$m³/s²　　　　　　　　　第一偏心率：$e = 0.\ 081\ 819\ 191\ 042\ 8$

空间技术的发展成熟与广泛应用迫切要求国家提供高精度、地心、动态、实用、统一的大地坐标系作为各项社会经济活动的基础性保障。所以自 2008 年 7 月 1 日起，我国已全面启用 2000 国家大地坐标系。

(5) UTM 坐标系统

UTM（universal transverse mercator）坐标是一种平面直角坐标，由美国制定，其起始分带并不在本初子午线，而是在 180°经线。该系统用于美国和其他北大西洋组织国家的军用地图。由于 UTM 坐标系统的全球通用性，德国及欧洲都在使用该坐标系统。在 UTM 系统中，北纬 84°和南纬 80°之间的地球表面按经度 6°划分为南北纵带（投影带）。从 180°经线开始向东将这些投影带编号，从 1 编至 60（北京处于第 50 带）。纬度采用 8°分带，北纬 84°至南纬 80°之间共 20 个纬度带（X 带多 4°），分别用 C 到 X 的字母来表示。为了避免和数字混淆，I 和 O 没有采用。

UTM 系统通常基于 WGS84 椭球，采用 6°分带。为了避免边界的经度变形，使用了相交柱面进行投影。所以中央经线不再是等距的，其缩小比率是 0.999 6。在高斯—克吕格投影中，北向距离从赤道起算。与之相反，为了避免负值，UTM 在南半球增加 10 000km。距离中央经线的距离，与高斯—克吕格投影一样，要偏移 500km。相应的坐标以 E(东)和 N(北)标明。中央经线分别为 3°、9°、15°等。南、北极点间的区域被分成 8 个纬度带，并以字母标示。我国常用坐标系及参数见表 7-3。

表 7-3 我国常用坐标系参数列表

坐标名称	投影类型	椭球体	基准面
北京 54	Gauss-Kruger(Transverse Mercator)	Krasovsky	北京 54
西安 80	Gauss-Kruger(Transverse Mercator)	IAG75	西安 80
CGCS2000	Gauss-Kruger(Transverse Mercator)	CGCS2000	CGCS2000
WGS84	UTM(Universal Transverse Mercator)	WGS84	WGS84

7.1.2.3 我国的常用高程系

黄海高程系是在 1956 年确定的。它是根据青岛验潮站 1950—1956 年的黄海验潮资料，求出该站验潮井里横按铜丝的高度为 3.61m，所以就确定这个钢丝以下 3.61m 处为黄海平均海水面。从这个平均海水面起，于 1956 年推算出青岛水准原点的高程为 72.289m。这是我国的第一个国家高程系统，从此结束了过去高程系统繁杂的局面。但由于计算这个基面所依据的青岛验潮站的资料系列(1950—1956 年)较短等原因，我国测绘主管部门决定重新计算黄海平均海面，以青岛验潮站 1952—1979 年的潮汐观测资料为计算依据，并用精密水准测量，重测位于青岛的中华人民共和国水准原点，确定了 1985 年国家高程基准高程和 1956 年黄海高程的关系为：1985 年国家高程基准高程 = 1956 年黄海高程 − 0.029m。1985 年国家高程基准于 1987 年 5 月开始启用，1956 年黄海高程系同时废止。依上可以看出，国家 85 高程基准其实也是黄海高程基准，只不过原来称"1956 年黄海高程系统"，现称"国家高程基准"。我国目前通用的高程基准是国家 85 高程基准。

7.2 遥感图像空间分辨率与成图比例尺关系

遥感图像一般有航空图像和卫星图像。空间分辨率是指遥感图像上能够详细区分的最小单元的尺寸或大小，是用来表征图像分辨地面目标细节的指标，通常用像元大小、像解率或视场角来表示，或者说是 1 个像元所代表的地面面积的大小。面积越小，空间分辨率越高。目前，遥感图像获取技术日臻成熟，遥感图像的空间分辨率也越来越高。遥感图像空间分辨率越低，反映的空间内容越宏观，相应的成图比例尺越小；空间分辨率越高，反映的空间内容越精细，相应的成图比例尺越大。

　　图像精度是描述一个可见点或者估算点与真实地理位置之间的靠近程度，由卫星星历和姿态决定。通过正射校正才能满足图像空间分辨率对最小地物识别能力和相应地图比例尺精度要求。在地图测绘中，人的视觉分辨率长度按相应比例尺计算的实地水平距离，为比例尺精度。线划地图是通过比例尺来区分数据的精度。大比例尺地形图的精度通常高于中比例尺，而中比例尺地图的又高于小比例尺地图的精度。遥感图像的空间分辨率制约图像目标的判识能力，也决定了依据其确定地物要素的定位精度，而比例尺定义了对地球观察的界限，所以它们之间必然存在一定的内在适配关系。因此，遥感制图中选择卫星遥感图像空间分辨率时需要考虑地图的成图比例尺精度、地物的最小尺寸和地物最小上图单元等因素。

　　目前，通过卫星遥感图像制作线划地图，如何确定图像的空间分辨率与线划地图的比例尺之间的关系，也是很多学者研究的问题之一。在以往许多科学研究中，人们往往是受现有数据的尺度或分辨率的限制而选择数据，但随着多光谱和多空间分辨率数据集的日益普遍，在多种数据源中选择合适的数据成了一个新的难题，这是因为：在遥感图像上，尺度是和分辨率有内在联系的，空间分辨率的大小反映了空间细节水平以及和背景环境的分离能力。然而遥感图像的空间分辨率的大小对影像分类精度影响有相反的两面性。例如，在进行遥感图像土地覆盖分类时，精细的空间分辨率可减少边界混合像元，在一定程度上能提高分类的精度；但过高的分辨率也可能导致类别内部的光谱可变性增大，从而使分类精度降低。此外，尺度的大小和空间现象的本质有内在的联系。在某一尺度上发生的空间现象，在另一尺度上不一定存在或发生，因此，遥感图像的最佳分辨率与所研究景观或格局问题的内在特征和目标有关。研究格局和不同结构等级之间的关系。对于理解尺度和空间分辨率问题是非常有帮助的。比例尺越大，要求图像的空间分辨率也就越高，但对于固定的比例尺，若选用的遥感图像空间分辨率过低，不适合进行该比例尺的制图；空间分辨率过高，不但经济上浪费，而且还存在信息干扰。因此，在遥感制图时，遥感图像最佳空间分辨率的选择是一个非常重要的环节。选择空间分辨率时需要考虑以下几方面：第一，地图比例尺确定，根据工作任务确定比例尺的大小；第二，确定成图比例尺大小与遥感图像最佳空间分辨率的选择，由遥感图像空间分辨率、光谱分辨率和时间分辨率等基本属性初步估算遥感图像的空间分辨率适合范围；第三，根据具体的工作任务确定比例尺大小，结合不同传感器卫星图像的空间分辨率，由地物的地学特性、地物的波谱特性、地物的生态特性及综合特性，选择一定比例尺的遥感图像的最佳分辨率。通常，通过遥感图像制作地图时，以下两方面可作为参考：

　　①航空摄影测量对影像的要求：航空摄影测量的实践可以用来借鉴分析卫星影像与成图比例尺的选择。这是因为二者的成图原理相似，并且航空摄影测量具有大量的实践经验和实验数据，是非常成熟的。航空摄影测量中没有直接给出对图像分辨率的要求，但可以通过对摄影仪物镜分辨率的要求和摄影比例尺来推断。航摄中航摄仪镜头分辨率表示通过航空摄影后在图像上能够分辨的线条的最小宽度（这里没有考虑软片和相纸的分辨率）。在《1：5 000 1：10 000 1：25 000 1：50 000 1：100 000 地形图航空摄影规范》（GB/T 15661—2008）中规定航摄仪有效使用面积内镜头分辨率"每毫米内不少于 25 线对"。根据

物镜分辨率和摄影比例尺可以估算出航摄图像上相应的地面分辨率 D，即 $D=M/R$（其中 M 为摄影比例尺分母，R 为镜头分辨率）。根据上述标准中"航摄比例尺的选择"的规定和地面分辨率公式，可得表 7-4。

表 7-4　航空图像常用分辨率与比例尺关系

成图比例尺	航摄比例尺	影像地面分辨率（m）
1 : 5 000	1 : 10 000～1 : 20 000	0.4～0.8
1 : 10 000	1 : 20 000～1 : 40 000	0.8～1.6
1 : 10 000	1 : 25 000～1 : 60 000	1.0～2.4
1 : 50 000	1 : 35 000～1 : 80 000	1.4～3.2

表 7-4 可以作为选择卫星图像分辨率的参考。从表中可以看出，虽然成图比例尺越大，所需的图像分辨率越高，但两者并不是呈线性正比关系，而是非线性的。

②卫星图像分辨率的选择：卫星图像分辨率的选择除了考虑不同比例尺成图对影像分辨率要求，还要考虑现有可获取的卫星图像产品之规格，因为卫星摄影与航空摄影不同，其摄影高度（即摄影比例尺）是固定的。表 7-5 列出几种商用卫星图像的分辨率。

表 7-5　常见卫星空间分辨率

卫星	QuickBird 2	IKONOS 2	SPOT 5	SPOT 4	Landsat 7
最高分率（m）	0.61	1	2.5	10	15

依据以上认识，对于 1∶5 000～1∶50 000 地图，可以考虑如下的分辨率选择（表 7-6）。

表 7-6　航空图像常用分辨率与比例尺关系

成图比例尺	卫星图像空间分辨率
1 : 5 000～1 : 10 000	QuickBird（0.61m），IKONOS-2（1m）
1 : 25 000	QuickBird-2（0.61m），IKONOS-2（1m）SPOT 5（2.5m）
1 : 50 000	SPOT 5（2.5m）

对于已有旧版实测地形图的地区，若有足够密度的图上参考点（即可与卫片上的同位置点相一致）作范围控制的基础上，在地形图局部快速更新时，可以考虑适当放宽对分辨率的要求，如用 2.5m 分辨率卫片局部修、补测 1∶10 万 地形图，用 10m 分辨率卫片局部修、补测 1∶50 万地形图等。

7.3　遥感图像地图制作

遥感图像制图是对遥感技术提供的图像数据，通过处理和分析（包括辐射校正、几何校正、图像增强、图像分类，以及对地图要素的识别、提取和补充等手段），用于制作或更新地图和专题图的技术。正射校正是对图像进行几何畸变纠正的一个过程，它将对由地形、相机几何特性，以及与传感器相关的误差所造成的明显的几何畸变进行处理。一般是通过在像片上选取一些地面控制点，并利用原来已经获取的该像片范围内的数字高程模型（DEM）数据，对图像同时进行倾斜校正和投影差校正，将图像重采样成正射图像。将多个正射图像拼接镶嵌在一起，并进行色彩平衡处理后，按照一定范围内裁切出来的影像就是正射图像图。正射校正的目的是通过消除图像的几何变形，使多时相 ASAR 影像能互相匹配以进行多元信息分析，从而提高数据的应用效益。

遥感图像地图的制作可理解为"影像的地图化"，即从遥感影像上提取某种所需信息，以专题地图的形式来表达，其过程可概括为以下步骤。

①遥感图像信息的选择：根据影像地图的用途、精度等要求，尽可能选取制图区域时相最合适、波段最理想的数字遥感图像作为制图的基本资料。基本资料是航空像片或影像胶片时，还需要经过数字化处理。

②遥感图像的几何校正与图像处理：几何校正与图像处理的方法前面已经讲过，这里需要注意的是，制作遥感影像地图时，更多的是以应用为目的，注重图像处理的视觉效果，而并不一定是解译效果。

③遥感图像镶嵌：如果一景遥感影像不能覆盖全部制图区域的话，就需要进行遥感影像的镶嵌。目前，大多数 GIS 软件和遥感影像处理软件都具有影像镶嵌功能。镶嵌时，要注意使影像投影相同、比例尺一致，并且图像彼此间的时相要尽可能保持一致。

④符号注记层的生成：符号和注记是影像地图必不可少的内容。但在遥感影像上，以符号和注记的形式标绘地理要素，与将地形图上的地理要素叠加在影像上是完全不同的两个概念。影像地图上的地图符号是在屏幕上参考地形图上的同名点进行的影像符号化，生成符号注记层，即在栅格图像上用鼠标输入的矢量图形。目前，大多数制图软件都具备这种功能。

⑤影像地图的图面配置：与一般地图制图的图面配置方法一样，在此不再赘述。

⑥遥感图像地图的制作与印刷：目前，有两种方法，一种是利用电分机对遥感影像负片进行分色扫描，经过计算机完成色彩校正、层次校正、挂网等处理过程，得到遥感影像分色片。分色片经过分色套印，即可印制遥感影像地图；另一种是将遥感数据文件直接送入电子地图出版系统，输出分色片或彩色负片，在此基础上印制遥感影像地图。

7.4　遥感专题图制作

专题地图（thematic map）又称特种地图，是在地理底图上按照地图主题的要求，突出并完善地表示与主题相关的一种或几种要素，使地图内容专题化、表达形式各异、用途专门化的地图。遥感影像专题图的制作流程包括数据的收集、影像校正、影像镶嵌、影像裁剪、影像修饰及投影转换以及研究成果的编制。

(1) 数据的收集

为了出图和解译，应选择影像空间分辨率一致及波普分辨率影像色调、饱和度等基本一致的专题制图范围影像数据。

（2）影像配准

我国大多数图件的坐标系采用的是北京 54 坐标系和西安 80 坐标系，而这些坐标系在 ENVI，ERDAS，PCI 等进口遥感软件中是没有的，需要人为重建。重建内容主要为椭球体参数文件、基准面参数和坐标系参数的确定。值得注意的是，在投影方式中并没有高斯—克吕格投影，一般选择横轴墨卡托投影。

在影像配准中，需要采集控制点然后进行配准。地面控制点的获取方式是多样的，可以直接从校正好的高精度底图上直接获取，也可以通过实地测量或者从测绘部门获取。另外，控制点的图面分布情况也会影响影像配准的效果，控制点应该尽可能均匀分布。之后，可进行遥感影像配准。配准后的影像需要检查来确定配准的精度是否达到要求。

（3）图像镶嵌

图像镶嵌可以基于地理坐标，也可以基于像元。

（4）影像裁剪

影像裁剪是一般先要通过一定软件生成需要裁剪的范围界线文件，但要注意栅格数据和矢量数据的投影系统必须一致，如果不一致就需要重新投影使其一致。

（5）专题图制作

通过裁剪出来的影像，选择合适的波段组合，以专题制图时需要的投影进行投影变换，以达到专题需要的空间位置和比例尺为目标，制作专题影像图。最后，结合地理信息软件，通过对遥感图像图斑的地图概括，矢量化出专题要素，添加图例、注释、图框等进行修饰，得到相应的专题地图。

①专题制图的数字图像处理：专题制图数字图像处理过程包括以下两方面内容。

第一方面是卫星影像预处理：卫星影像经过图像校正、图像辐射增强，得到供计算机分类用的遥感图上数据。第二方面是按专题要求进行影像分类：提高计算机遥感数据的专题分类精度，是遥感制图研究的主要问题之一。统计模式识别方法中，属于图像增强的有主成分变换、缨帽变换。属于图像分类的有最大似然判别、最小距离判别等方法。经过图像的变换，为分类提供了高判别精度，压缩了近 1/3 数据量的图像数据，而模式识别的方法对图像光谱特征进行较准确的分类。但是，单纯对光谱特征的统计分析很难提高专题分类的精度。以地学知识及专家系统为基础的识别，利用多种地理辅助数据和地理信息系统参与专题分类，已成为必然趋势。例如，以地学知识（专家系统）为基础，从图像中提取盐碱土信息时，依据盐碱土的形成条件和微地貌特征，以及各微地貌区与盐碱土化程度的相关关系，确定识别盐碱土的区域参数，可提高分类的精度；对 3 个波段进行色度空间变换，并将专家系统的方法应用于草场资源的遥感调查，其分类精度优于最大似然判别方法；也可以利用知识库中的规则和有关地理数据，采用不确定推理理论，进行遥感图像分类，使专题分类的精度有显著的提高。

②遥感图像图斑的地图概括：根据成图比例尺对图斑尺寸的限制，栅格图像需要进行图斑——像元集的概括。作为频谱域的图斑概括可以采用低通滤波进行，但滤波法只考虑删除或合并而不考虑图斑的属性和应保留的意义。因此图斑的概括应注意以下事项。首

先，遥感数据的空间分辨率决定专题地图比例尺的限制。例如，像元为30m的图像相当于1:15万地图上的0.2mm，所以不宜于处理比例尺大于1:10万的专题地图。其次，专题地图的用途、区域特点和比例尺决定专题图斑选取的尺寸(阈值)。最后，按照专题的要求，决定舍去的图斑应如何合并，如何进行概括。组织图斑进行概括的文本编辑器是基于知识的框架结构。通过计算机的运算，已进行图斑概括的专题分类图便可以产生。

③遥感图像图斑的矢量化：遥感图像经过概括后，虽然具备了专题图的内容和特征，但仍是以栅格形式记录的，因此从栅格数据转换为矢量数据是遥感图像专题制图的重要步骤。图斑的矢量化可分为以下4个过程。

a. 勾边：在一个图斑内部，像元的亮度值是近似的。两个不同的图斑之间，在边界上的亮度值是不等的。这就为提取边界创造了条件。

b. 细化：经过勾边处理的图像，在一些拐点处，边界的宽度可能为两个像元，细化的目的是用模板法对其进行整理，将不需要保留的点，令其等于背景值，由此形成单一像元的栅格边线。

c. 寻找节点：经细化后，边界像元成为纵横交错的网络，所以要寻找出节点，这是为下一步跟踪边界并转为矢量做准备。若边界点 P 周围的 8 个邻点中有 3 个以上为边界点，则 P 点便是节点。因此这些节点的坐标可被记录下来。

d. 转矢量：指搜索边界，并将栅格格式的边界转为矢量格式的过程。

经过上述 4 个步骤，产生背景值合并后的土地利用类型线划(矢量)图形。

推荐阅读

高分辨率遥感影像的交通专题图制图。

扫码阅读

思考题

1. 试述地形图和遥感图像的异同点。

2. 请分析在卫星影像的分辨率可达亚米级的今天，我们还是要做好地形图的保密工作的原因。

3. 简述高斯—克吕格(Gauss-Kruger)投影与 UTM 投影的区别和联系。

参考文献

傅肃性，1994. 地学分析在遥感专题制图中的应用[J]. 国土资源遥感，(3)：41-47.

龚明劼，张鹰，张芸，2009. 卫星遥感制图最佳影像空间分辨率与地图比例尺关系探讨[J]. 测绘科学，34(4)：232-233.

骆继花，王鸿燕，谢志英，2015. 地图比例尺与遥感影像分辨率的关系探讨[J]. 测绘与空间地理信息，38(12)：61-64.

毛赞猷，朱良，周占鳌，等，2017. 新编地图学教程[M]. 3 版. 北京：高等教育出版社.

周小迦，2020. 高分辨率遥感影像的交通专题图制图[J]. 测绘科学，45(2)：187-192.

Mrib，CGJ02、BD09、西安 80、北京 54、CGCS2000 常用坐标系详解[DB/CD]. https：//blog. csdn. net/mrib/article/details/77944532，2017-09-12.

第8章
土地遥感

土地是人类赖以生存的物质基础，在社会经济中发挥着举足轻重的作用。及时掌握土地的性状和特点，了解土地利用状态及其变化情况，合理规划并利用好每寸土地，对实现地尽其用、保障土地资源科学有效管理，进一步实现土地的长久可持续发展都有重要意义。

近年来，随着工业化进程和城镇化水平的不断推进，土地供需矛盾及各种不合理利用问题日益突出，土地污染、生态破坏导致的土地资源危机层出不穷，在造成土地浪费的同时，不合理的土地利用行为也成为阻碍经济发展和生态文明建设的主要症结。在信息技术发展日新月异的今天，基于地形图、平面图等对土地进行测量管理的传统手段，成本高、周期长、现势性差，已难以适应当下社会经济发展的步伐。

遥感技术能够在不直接接触地物或对象的情况下，对其电磁波等特性进行探测，能够快速揭示物体特征及变化情况。自20世纪60年代诞生以来，该技术已在测绘、气象、水资源、植被、环境、考古等诸多领域发挥重要作用。随着遥感技术的日趋成熟，遥感数据得到更为广泛的推广和应用，数据来源的丰富性、实时性、精准性不断提高，加之遥感技术与GPS和GIS的深度融合，极大地推动了土地资源信息化管理的发展。遥感处理软件的自动化、智能化，也为各类土地资料快速获取、精准解译，以及实现土地资源动态监测、保障决策信息的科学有效提供了支撑和依据。

遥感技术的不断革新，不仅为土地资源的现代化管理提供优质、可靠、时效的基础数据，还对内涵于土地之上各类信息的挖掘、处理与分析提供了处理平台，同时，也为更好地完成土地资源水平调查，实现土地利用动态监测，完成土地生态、可持续、集约节约状态评价等业务提供了技术支撑。遥感技术为满足土地资源现代化管理需要，提高土地资源科学管理水平发挥着重要作用。

8.1 土地遥感基础

8.1.1 土地利用分类与土地覆被分类

土地利用/覆被变化是全球环境变化的重要诱因，也是地球科学研究中的重要核心和热点领域。土地利用/覆被变化不但对地球化学圈层结构、功能及地球物质能量循环有重要影响，对气候、土壤、生物多样性等这些与人类生存和发展有重要作用的自然基础也有积极影响。土地利用分类和土地覆被分类是土地利用/覆被变化研究的关键环节。通过对土地利用/土地覆被信息的精准分类，不仅能够了解各类土地利用/覆被的基本属性，而且对掌握土地利用/覆被的区域结构分布特征有积极作用。

传统的土地类型以研究土地自身自然属性为侧重，以反映土壤母质、地表和植被的自然地理过程为核心，多采用地貌—土壤—植被三名法表达，具有多层次、立体复合的特征（赵英时，2013）。土地利用分类则以面向应用和管理为目标，以土地的人类利用方式为表达，基于人类对土地利用方式的认知水平进行划分。《中国1∶100万土地利用图》和《土地利用现状分类》（GB/T 21010—2017）等均是我国在土地利用调查制图中，制定的具有代表性的土地利用分类方案（张景华等，2011）。

随着对地观测技术的快速发展，遥感技术在土地覆被和全球环境、气候变化等研究领域得到广泛应用。由于土地利用中某些规定的类别在遥感中难以识别，而遥感可以连续或周期性的获得多光谱、多时间和多分辨率的地球表面信息资料，以此为基础，土地覆被分类系统逐渐形成（宫攀，2006）。

土地覆被这一概念最早出现于20世纪20年代（蔡红艳，2010）。IGBP（国际地圈与生物圈计划）在《土地利用和全球土地覆被变化的联系核心计划》中，将其定义为：地球表面及以下的次表面部分，包括生物群落、土壤、地形、地表水、地下水和人文结构（Turner et al.，1995）。美国生态学会认为土地覆盖是指：土地表面的生态状态和自然表现。FAO（联合国粮食及农业组织）则认为土地覆被是指：地球表面可被观察到的自然覆盖（Di Gregorio et al.，2000）。由此可见，土地覆被并非单一状态的土地或植被类型，而是具有自然属性和特征的以土地类型为主体的综合体。因此，土地覆被可理解为地球表面具有的自然和人为影响所形成的覆盖物，包括地表植被、土壤、冰川、沼泽、湖泊及各类建筑等。土地覆被单元作为非单一的综合体，在进行分类时，应进行类型组合以形成合理的土地覆被类型。例如，水文模型分类应考虑地表粗糙度、物理结构等特征对流域蒸散发、径流量及洪峰类型的影响（张磊，2011）。除此以外，土地覆被作为综合体还包括植被冠层密度、生长季节累积生物量、植物叶面积指数、地形气候条件、土地利用状态等诸多因素。国外针对土地覆被分类的研究开展较早，目前已经取得较为丰硕的成果，典型的分类系统主要包括以下几种。

（1）Anderson 及 USGS（美国地质调查局）**土地覆被分类系统**

该系统是美国地质调查局在1976年基于 Anderson 提出的土地覆被两级系统基础上，验证和发展得到的四级分类系统。该系统层次清楚，底层分类体系针对实际情况可再分异出次级分类系统，弹性较好。以其为模板，演化出基于 TM 影像数据的国家土地覆被数据集分类系统、基于 NOAA 的登记海岸带土地覆被分类系统等多套产品（Vogelmann et al.，2001；Klemas et al.，1993）。

（2）IGBP（国际地圈生物圈计划）**及 UMD**（美国马里兰大学）**全球土地覆被分类系统**

IGBP 于1992年利用 AVHRR 数据基于 NDVI 最大值合成数据，将全球分为17种土地覆被类型(Loveland et al. ，2000)。UMD 利用 AVHRR5 个波段和 NDVI 计算的 41 个指数，得到 14 种土地覆被类型。二者大体一致，只是后者去除了永久湿地、作物/自然植被镶嵌体和冰/雪 3 种类型(Hansen et al. ，2000)。

(3)FAO(联合国粮农组织)的 LCCS 分类系统

该系统分为两个阶段：第一阶段为二分法分类阶段，定义了 8 类覆被类型；第二阶段为模块的分层阶段，即在第一层基础上基于分类器组合再分类。该方法灵活、相对全面，使用后得到广泛的推广和应用。

国内相关研究也取得了较为丰硕的成果(宫攀，2006)。近年来，还有学者提出由一、二级土地覆被类型及三级土地覆被辅助特征构成的，面向碳收支的中国土地覆被分类系统，以为生态系统碳收支估算和国家生态环境监测服务(张磊等，2014)。

8.1.2 土地遥感原理

人类对地球的改造和利用，直观体现于土地覆被类别的更迭和变化。因此，对遥感图像进行分类，获取某地或某区域土地覆被类型，是遥感在陆地上最典型的应用之一。获取的各类土地利用/覆被信息，也是进行土地动态监测、开展城市环境遥感研究等的基础和关键。土地覆被分类是一个较为复杂的处理过程，受到多种因素的制约和影响，遥感影像的选取、数据预处理、分类方法的选取等都会对结果的精准性产生影响。

8.1.2.1 遥感数据源的选择

遥感图像是探测目标的信息载体，是开展土地覆被分类的基础。随着技术的快速进步，遥感数据在获取性、选择性、自身精确度等各方面都有了较大发展。各种高空间、高时间、高光谱分辨率数据逐步加入数据源，一方面丰富了数据种类和可选择的空间，为科研、管理等工作提供更多便利与余地；另一方面，纷繁的数据种类也为高效、准确选择数据源带来不确定性和困难。

进行土地覆被分类时，首先，应当确定土地覆被的类别，即按照生产实践需求和划分标准，将地区土地覆被类型划分为耕地、园地、林地等一级类别，还是在此基础上继续划分到二级甚至更低层次之上。由此可见，服务目标不同，确定选用数据的地面分辨率、光谱信息等也将有所差异。因此，应用目标是进行土地覆被分类需要考虑的首要因素。其次，目前，除了部分遥感数据可供免费下载外，如 Landsat 系列、MODIS 数据等，大部分高分辨率的商业数据并不直接对外。因此，在进行土地覆被分类时，除了考虑应用目标外，还应根据经济状态、考虑经济成本，理性选择适合的遥感数据。另外，地域环境也是需要考量的标准之一，地域环境不同，对分类样区大气状况、下垫面等产生不同影响，进而影响后期分类精度(尹占娥，2008)。

(1)大气状况

电磁波透过大气层时，大气吸收和散射会对地物的电磁波产生影响，大气吸收影响电磁波的辐射特征，而大气散射会导致电磁波行进方向的变化，使遥感图像灰度级产生偏移。特别是在对多时相图像进行分类时，因不同时间大气成分及湿度不同，散射产生影响程度也各不相同。因此,有必要消除大气中水蒸气、氧气、二氧化碳等对地物反射的影响,消除大气分子和气溶胶等对电磁波的散射作用,以获取准确的地物反射率、辐射率、地表温度等真实物理模型参数,提高图像分类精度。

(2)下垫面

下垫面的起伏状态和覆被类型对分类也有较大影响。地物的波谱反射特性会受地形起伏影响而产生变化。同一类型地物生长在不同海拔、坡度、坡向上获得的太阳能量可能不同,其辐射能量也不尽相同,容易导致分类环节出现错分或漏分。另外,下垫面覆被类型的相似性和复杂性对分类影响也较大。如草皮和树林的光谱特性相似,容易混为一类,在分类时可加入纹理信息加以辅助和区分。下垫面覆被类型也可能存在大量混合像元,这些都会对分类结果产生影响。

(3)其他方面

应当尽量选取无云或少云的遥感影像进行土地覆被分类。云层容易阻碍地物的电磁辐射,对地物亦具有遮盖作用,影响分类工作。当有少量云层存在时,可以采用相应的噪声去除方法予以清除。另外,在对同一地区不同时段进行连续观测时,应当尽量选取同一季节遥感图像,减少光照条件、植被生长茂盛程度差异,导致同一地物电磁波辐射误差,影响后期分类工作。

遥感数据选取是开展土地覆被分类的基础,应当充分考虑数据的时间分辨率、空间分辨率和波谱分辨率,选择适宜工作目标的数据,开展工作。

8.1.2.2 数据预处理

图像预处理是土地覆被分类中非常重要的环节,主要包括:几何校正、图像融合、图像镶嵌和裁剪等步骤。一般而言,卫星图像资料在应用时,必须经过几何校正,这是因为受卫星传感器视角和地球表面曲率的影响,会造成星下点以外影像地物的几何畸变(梁长秀,2009)。几何校正可分为几何粗校正和几何精校正。其中,几何粗校正在卫星接收站已经完成,非系统的几何畸变由于受传感器本身高度、姿态不稳、地球曲率等多重因素影响,往往是不规律的,需要进行精校正处理。

8.1.2.3 分类器的选择

分类器是按照一定方法进行图像分类的计算机程序。目前,已经设计出适用于不同范围和目的的多种影像分类方法。根据处理分类单元类型,可以分为基于像元的分类和面向对象的分类;根据分类器数量,可分为单分类器和多分类器集成;根据单个像元分类结果是否为单一类别,则可分为像元级分类和亚像元级分类;另外,根据分类中是否引入已知类别的训练样本,可以分为监督、非监督和半监督分类(杜培军,2013)。

(1)监督分类

监督分类又称训练分类,是通过预先确认类别的样本像元,划定分类决策面以此识别其他未知类别像元的分类方法。通常,土地覆被的监督分类可通过定义训练样本、执行监督分类、分类结果评价和分类后处理4个步骤完成(邓书斌等,2014)。

①定义训练样本：主要通过目视解译的方式完成。根据地类的波谱、纹理等各种信息，通过划定感兴趣区，得到分离度较好的样本地类。在选择训练样本之前，应当预先收集和研究分类区域的相关资料，对研究区有一定了解，并实地调研所选样本，确认其对应的样本信息。

②执行监督分类：根据需求选择相应的分类器，以完成分类工作。代表性的分类算法有：最小距离分类、平行算法分类、最大似然值分类、人工神经网络分类、基于核函数的分类等。

a. 最小距离分类：是以特征空间中的距离作为像元分类的判断准则。具体来说，该方法是利用训练数据各波段的光谱均值，根据像元与各训练样本之间的平均距离，将其划分到距离最短类别的一种分类方法。该方法原理简单、计算速度快，主要包含马氏距离、欧式距离、绝对值距离 3 种判断函数。

b. 平行算法分类：根据训练样本亮度值范围在多维数据空间中形成矩形，若待分类像元的光谱值落在训练数据所对应的亮度值区域，则该像元即被划分为该类别。该方法的主要问题在于：按照各波段均值为标准差划分的平行多面体，与实际地物类别数据点分布的点群形态不一致，容易造成两类互相重叠、混淆不清。这种情况在高光谱数据中更加明显。

c. 最大似然值分类：该方法是将类别未知像元向量带入各自类别的概率密度函数，通过像元属于各类别的归属概率计算，将像元划分到概率最大的类别中的方法，即通过概率评价待分类像元属于某个训练样本的可能性，并据此对其进行分类。该方法存在假设前提，训练数据及类别均服从高斯分布，属于基于贝叶斯分类准则的一种监督分类方法。

d. 人工神经网络分类：是一种模仿人脑进行数据接收、处理、存储及传输的智能计算方法，具有自学习和自组织、全息记忆与联想以及强容错能力等优势。

e. 基于核函数的分类：该方法是一种利用核映射，将原始数据由数据空间映射到特征空间，进而进行线性操作的分类方法。主要包括支持向量机、相关向量机以及核逻辑斯蒂回归等。

③分类结果评价：土地覆被分类的精度直接影响最终成果图件的制作、地类面积状态和结果报告的正确性，这些数据的真实与否对土地管理行为和决策都有重要影响。因此，研究不同分类器的分类精度，对土地覆被结果的使用十分重要。精度评价的方法主要包括面积精度评价、位置精度评价以及误差矩阵评价 3 种。

a. 面积精度评价：主要比较两幅图每个类别的面积差异，用面积比例表示。不考虑图在位置上的一致性，精确度较低。

b. 位置精度评价：主要通过比较两幅图位置之间的一致性进行评价。

c. 误差矩阵评价：通过构建误差矩阵，表示每个类别的总误差以及误分类别的混淆误差。误差矩阵能够反映各类的漏分误差(没有被分类器分到相应类别的像元数)以及错分误差(被分为某类，实际则属于另一类的像元数)，反映用户精度(正确分到某个类别的像元数与分类器将整个图像像元分为该类的像元数的比值)与制图精度(分类器将图像像元正确分为某类的像元数与该类真实参考总数的比值)。

Kappa系数作为一种定量评价分类结果与参考数据间一致性的方法，能够克服误差矩阵过于依赖样本及样本数据采集的缺陷，在分类结果评价中使用也十分广泛，其公式为：

$$K = \frac{观测值 - 期望值}{1 - 期望值} \tag{8-1}$$

其中，观测值表示误差矩阵对角线像元总计除以总样本像元数；期望值则是用分类误差矩阵中行列边缘总计值的乘积所构建的新误差矩阵，再用新矩阵对角线元素总计除以总像元数量。

研究结果表明，当K值>80%，表示分类结果精度高，分类图与地面参考数据间的一致性强；当80%>K值>40%时，表示分类图与地面参考数据的一致性处于中等状态；当K值<40%，则表示一致性差(尹占娥，2008)。

④分类后处理：分类处理得到初步结果由于细碎图斑、孤岛等的存在，尚不能直接使用，还需要经过一定处理和优化，得到可统计的、符合地图整饰规则的最终成果。

(2)非监督分类

非监督分类又称聚类分析或点群分类。该分类无需人工选择训练样本，仅依靠图像不同地物波谱或纹理信息进行特征提取，再根据参考数据或资料将自然集群光谱的特征差别进行统计划分信息的类别。

与监督分类相比，非监督分类无需预先对所要分类的区域进行了解，节省人力、物力和财力；同时，由于无需人为过多干预，因此人为误差出现的概率较低；另外，面积很小的独立地物也可被识别。但是，非监督分类也存在结果光谱不能与信息类别——对应、分类结果难以判别等问题，使得光谱类别的解译工作较为繁琐和复杂。

非监督分类的主要步骤包括：确定分类数量、选择集群类别中心点、计算机处理运算类别中心点、计算机像元归类以及重分类等。

(3)半监督分类

半监督分类是近年兴起的一种学习方法，其主要思想为：当标记训练数据集较少时，结合大量未标记样本来改善学习性能；主要的算法包含：带生成混合模型的EM算法，自训练算法、协同训练算法、主动学习算法、基于图的半监督学习，基于支持向量机的算法等(杜培军，2013)。

8.2　土地遥感研究内容

8.2.1　土地资源调查

8.2.1.1　土地资源调查概况

我国幅员辽阔，面积广博，土地资源分布不均，地域差异显著。展开土地资源调查，摸清土地资源类型、数量、质量、适宜性、生产潜力及空间分布等情况，有助于为资源管理、节约集约用地、开发土地生产潜力、维护生态平衡、制定合理经济发展规划等提供必要的基础数据。

在遥感技术尚未兴起之前，使用传统方法进行土地资源调查，需要耗费大量人力、物力及时间，但调查结果现势性和精准度却难以保证。遥感技术具有即时成像、实时传输、快速处理和周期性观测的能力，能够及时准确提供大范围动态监测成果，为土地资源调查工作的顺利开展提供了有效保障。它的出现，拓展了人类对于其生存环境的认知能力，较之于传统的野外测量和野外观测得到的数据相比，优势突出（张宇，2010），例如，增大了观测范围，即使是难以到达的边远地区，也能进行大面积重复观测，扩展了获取数据的途径，从可见光到近远红外，甚至到雷达遥感都可应用。遥感技术提高了调查效率，缩短调查时间，保证调查结果现势性等方面都成效显著，除此之外，高精度、低成本也为数据的大规模使用奠定了基础。事实上，遥感技术在我国土地资源调查业务中早有应用，根据业务开展的时间结点，大概可将其分为 4 个阶段。

（1）全国土地资源概查阶段（1980—1983 年）

此阶段是遥感技术在全国土地资源调查中的首次应用，也是遥感技术成功为我国土地资源管理服务的典范，在我国遥感技术应用历史上具有里程碑地位。通过这次全国土地资源概查，大体摸清了我国土地资源基本情况，达到国家级土地资源概查的精度要求，奠定了遥感技术在我国土地管理中的应用基础。

土地概查始于 1980 年，由国家科委统一领导，"利用遥感技术进行全国土地资源调查制图"的研究课题被列为国家攻关项目，组织国家测绘局、测绘科学研究所、土地管理局等相关单位参与调查，利用 3 年多时间，查清了全国土地资源的基本情况，完成了全国土地资源利用调查制图，填补了我国土地资源面积的空白（朱有法，2007）。此次概查数据涉及大量的卫星像片、航空像片及 3 万余幅地形图。

调查量算了全国总面积和其中 30 个省（直辖市、自治区）的面积，以及 15 种土地利用类型面积在全国和其中 30 个省（直辖市、自治区）的面积；制作完成了全国 1∶200 万比例尺土地利用现状卫星影像图和全国 1∶400 万地势卫星影像图，以及全国和分省的 738 幅 1∶25 万比例尺的土地利用现状图。

（2）全国土地资源详查阶段（1984—1995 年）

为克服土地资源概查阶段卫星数据地面分辨率低以及在卫星像片处理方法等方面的不足而导致的几何精度不够高的缺陷，满足国家土地资源在新形势的背景下的管理需求。按照国务院要求，由原国家土地局牵头，在全国范围内开展大规模土地资源详查工作，为进一步彻底查清我国土地资源类型、数量、质量、空间分布及利用情况服务。

此阶段工作获取了大量土地资源详细数据，完成基本覆盖全国的 1∶1 万土地利用现状图。详查采用大量高分辨率遥感数据源，在调查中，以县（市）为单位统一组织力量；采用航空航天遥感技术，按照国家统一技术规程，进行全野外调查工作；外业调查以航空航天遥感像片和大比例尺地形图为主；以行政村或农、林、牧、渔场等为基本单元；以计算机和光学结合处理的技术手段为方法。

土地资源详查于 1995 年 5 月完成了全国 2843 个县（市）外业土地利用现状调查及汇总，在年底完成地（市）、省（自治区、直辖市）和全国三级数据汇总。并编制完成 1∶1 万（中东部地区）土地利用现状图及西部部分地区 1∶15 万、1∶10 万土地利用现状图。历时

165

十余年，投入 10 多亿元，参与技术人员 50 多万人，查清了全国土地权属、界线、位置、面积、用途、空间分布等情况，从此彻底结束了长期以来我国土地资源家底不清、数据不实的局面，获得了全面、翔实、准确的全国土地利用现状第一手资料。

(3) 全国土地资源第二次调查阶段（2007 年 7 月—2009 年 12 月）

第二次土地资源调查是为土地管理部门快速提供准确、翔实、现势性强的土地资源数据资料，满足经济社会发展及国土资源管理需要，实现建立连通的"国家—省—市—县"四级土地调查数据库和管理系统服务。根据《关于开展第二次全国土地调查的通知》（国发〔2006〕38 号）要求，于 2007 年 7 月 1 日启动第二次全国土地资源调查，全面清查全国范围土地利用状况，掌握真实土地基础数据。

根据《第二次全国土地调查总体方案》中的总体目标和主要任务规定，第二次土地调查主要运用遥感技术（RS）、地理信息系统（GIS）、全球卫星定位系统（GPS）和数据库及网络通讯等技术，采用内外业相结合的调查方法，形成集信息获取、处理、存储、传输、分析和应用服务为一体的土地调查技术流程，获取全国每一块土地的类型、面积、权属和分布信息，建立连通的"国家—省—市—县"四级土地调查数据库。"3S"技术的结合简化了工作程序，节约人力、物力和财力，提高工作效率，保证调查成果质量。

(4) 全国土地资源第三次调查阶段（2018—2020 年）

第三次全国土地资源调查是在第二次全国土地调查成果基础上，按照国家统一标准，在全国范围内利用遥感、测绘、地理信息、互联网等技术，统筹利用现有资料，以正射影像图为基础，实地调查土地的地类、面积和权属，全面掌握全国耕地、园地、林地、草地等地类分布及利用状况；细化耕地调查，全面掌握耕地数量、质量、分布和构成；开展低效闲置土地调查，全面摸清城镇及开发区范围内的土地利用状况；建立互联共享的覆盖国家、省、地、县四级的集图像、地类、范围、面积和权属为一体的土地调查数据库，完善各级互联共享的网络化管理系统；健全土地资源变化信息的调查、统计和全天候、全覆盖遥感监测与快速更新机制。相较于第二次全国土地调查和年度变更调查，第三次全国土地调查是对"已有内容的细化、变化内容的更新、新增内容的补充"，并对存在管理交叉的耕地、园地、林地、养殖水面等地类进行利用现状、质量状况和管理属性的多重标注。

第三次全国土地资源调查于 2018 年年初全面启动，2019 年完成地方调查任务和国家级核查，各地对调查成果进行整理，并以 2019 年 12 月 31 日为调查标准时点，统一进行调查数据更新；2020 年完成统一时点数据汇总，形成第三次全国土地调查数据成果。

此次调查工作采用包括卫星遥感、信息数据共享平台、登记实地调查核实等方式的技术手段进行。具体流程包括：准备工作，包括方案制订、人员培训、资料收集、仪器设备准备；数字正射影像图制作及内业信息提取；土地权属调查；农村土地利用现状调查；城镇村内部土地利用现状调查；专项用地调查与评价；各级数据库建设；统计汇总；成果整理与分析，包括图件编制、成果分析等；报告编写；检查验收，包括自检、预检和验收、核查确认等。

第三次土地资源调查全面细化和完善全国土地利用基础数据，掌握翔实准确的全国土地利用现状和国土资源变化情况，完善了国土调查、监测和统计制度，实现成果信息化管理与共享，满足生态文明建设、国土空间规划、供给测结构改革、自然资源管理体制改革、空间治理能力现代化等各项工作需要。完成包括土地利用现状、土地权属、专项用地调查与评价国土调查数据库建设与成果汇总在内的诸多任务。

8.2.1.2　遥感在土地资源调查中的应用

以第三次土地资源调查为例，进一步说明遥感技术在调查实务中的应用情况（TD/T 1055—2019 第三次土地调查技术规程）。

（1）遥感技术在 DOM 制作中的应用

根据国家航空摄影测量及正射影像图制作标准，制作航空 DOM。航天 DOM 的平面控制点采用 GNSS 接收机等仪器实测，或从分辨率、比例尺优于预校正遥感图像的已有的 DOM、地形图上采集，并采用相应比例尺的 DEM 作为高程控制。依次为基础，对图像进行处理。根据数据获取状况，以单景、条带或区域图像为单位，采用有理函数或物理模型进行几何纠正，并采用双线性或三次卷积进行重采样，像元大小根据原分辨率按 0.5m 的倍数就近采样；图像纹理清晰，层次丰富，能够真实反映地物波谱特征，且重叠区纹理具有一致性。DOM 以县为制作单元，外扩不少于 50 像素，沿最小外接矩形裁切。根据县级辖区内图像镶嵌和接边，组成矢量闭合面并记录其属性信息，制作 DOM 影像文件。

（2）遥感技术在内业信息提取中的应用

以县为单位，根据辖区自然地理、地形地貌、植被类型等自然特征以及土地利用结构、分布规律等利用特征，建立典型地类解译标志，在 DOM 影像文件基础上，根据分类要求和图像特征，逐地块判读利用类型，通过逐地块分析 DOM 纹理、色调等信息，按照分类标准判读图斑地类，并依据图像特征提取土地利用图斑。在此基础上对比原调查数据库地类，将其分区为前后一致或不一致的图斑类型。以县为单位，对图斑进行唯一性编号，并建立与 DOM 数学基础一致的图斑矢量数据层和属性表。在 DOM 上套合内业提取的土地利用图斑及区县行政界线、集中建成区界限，以工程文件形式制作调查底图。为保证精度，在农村土地调查时全部采用优于 1m 分辨率卫星遥感数据，城镇内部采用优于 0.2m 分辨率的航空遥感数据。

（3）遥感技术在地类核查与验收中的应用

在第三次土地资源调查的地类核查阶段，利用遥感图像、实地举证照片和相关资料，检查变更图斑地类、边界、范围和属性是否真实准确。对未按照要求拍摄举证照片的图斑，以及图斑地类（或标注属性）与遥感图像和实地举证照片不一致的，判定为错误图斑；对照实地现状，对遥感监测图斑的位置、范围、地类等逐一进行核实和确认。验收核查中采用计算机自动比对和人机交互检查方法，比对提取三次调查初步成果、上年度基础据库和国家内业判读结果之间的差异图斑，重点检查差异图斑调查地类与图像及地方举证照片的一致性，根据内业检查结果开展外业实地核查，对外业图斑进行认定，并利用移动外业设备拍摄图斑实地照片。根据内外业检查结果，组织调查成果整改。国家级核查重点针对建设用地以及原农用地调查为未利用地等重点类型图斑，以及三次调查地类与国家内业提取地类不一致的图斑。内业核查以遥感图像和举证照片为依据，采用计算机自动比对和人机交互检查方法，进行逐图斑内业比对，检查图斑地类与图像及实地举证照片的一致性。

总而言之，随着土地资源调查业务的不断深入，遥感技术在底图制作、内业判析、外业调查、验收核查工作中的作用越发显著，已经成长成为土地调查工作得以快速高效实现的重要技术支撑和业务保障。

8.2.2 土地利用分析

受地质作用及人为活动影响，地球表面每时每刻都发生着各种各样的变化。地表的改变，直观表现于土地覆被分类状态的更迭与变化，由于其作为中间圈层对地球物质能量平衡、生物化学循环以及全球气候和环境改变等过程发挥着重要影响和作用，因此，对土地覆被状态的监测和调控一直都是土地管理工作中十分重要的业务环节。

相对于地质作用的长期性、偶发性和隐匿性，以人类为参与主体的土地利用行为是造成土地覆被变化的主要驱动因素。土地利用是对土地加以开发、经营和使用的统称，以获取各种经济、社会和生态效益为目标。早期，人类对土地加以利用和改造的水平和程度，受文明发展状态约束较为局限，加之于自然崇拜等因素的影响，各类生产生活活动带来的收益和破坏作用都十分有限。自工业革命以来，社会化程度及科技发展水平在短期内得到大幅提升，在经济利益的吸引和诱导下，各地建设用地扩展速率及城镇化水平日益提高，土地利用水平、状态及强度，都以以往难以比拟的速度和规模变化，资源索取和消耗程度的剧烈增长，带来经济繁荣、社会进步的同时，也导致如土地质量退化、生态环境破坏等诸多问题，严重影响可持续发展。

对土地利用进行常规监测，一方面便于及时、准确掌握辖区土地覆被基本情况，对摸清地区土地数量、质量、效益等状态有积极作用，有利于为各级管理部门制定、落实各项管理措施提供科学依据；另一方面，对土地利用变化进行监视检查，便于更好的掌控地区土地资源的动态变化状态，为科学实施土地利用总体规划、有效执行年度计划，更好的保护耕地红线不放松，为规避和杜绝各类用地违法事件，提供快速有效的检查手段及判断依据。

遥感技术发展日新月异，其全天候、全天时、全球观测的"三全"，高空间分辨率、高光谱分辨率及高时间分辨率的"三高"，以及多平台、多传感器、多角度的"三多"特性，能够快速、全面、及时对不同空间尺度下的地表土地利用变化信息加以记录、检测和提取，为实现土地资源科学管理提供重要的技术支撑(李德仁，2012)。

8.2.2.1 土地覆被分类

(1)分类一般流程

遥感图像分类就是将像元归到某个类别的过程(尹占娥，2008)，其目的在于，对地球表面及其所处环境在遥感图像上的特征加以分析，以此识别图像特征所对应的实际地物类别，并提取出所需的地物信息(杜培军，2013)。具体来讲，遥感图像分类是将图像中的每个像元或区域划分为若干类别中的一类，或若干专题要素的一种，通过对各类地物的光谱、空间等特征分析来选择相关参数，将特征空间划定为互不重叠的子空间，将影像内各个像元或区域划分到子空间以实现分类的过程(赵英时等，2013)。对土地覆被分类工作流

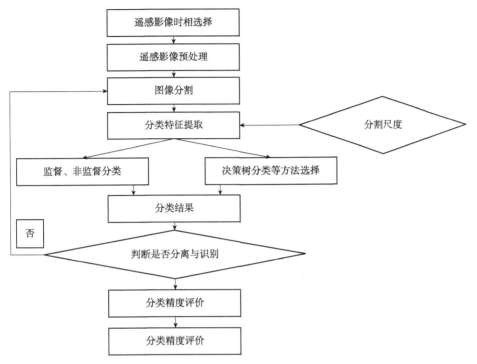

图 8-1　土地覆被分类的一般流程

程如图 8-1 所示(郭琳, 2010)。

　　土地覆被分类是开展土地遥感的基础,通过土地覆被分类,能够及时掌握某一地区土地资源利用状况,对进一步了解地区土地利用变化水平、土地资源数量及分布状态等都有积极作用,而科学规范的遥感数据处理流程则是保障分类精度和准确性的基础。

(2)遥感图像土地覆被分类实例

　　①数据及资料准备:采用美国陆地卫星 Landsat TM 图像对某市某地土地覆被分类情况进行分析,时点为 2011 年 7 月 18 日,空间分辨率 30m×30m,同时收集地区地形图等相关资料。图像资源可从地理空间数据云(http://www.gscloud.cn/)、美国地质勘探局 USGS 网站(https://glovis.usgs.gov/)等处下载。

　　②数据预处理:为了得到精确的土地覆被分类,必须对原始数据进行科学的图像处理,基本的处理包括:几何精校正、图像镶嵌、图像裁剪等(图 8-2)。

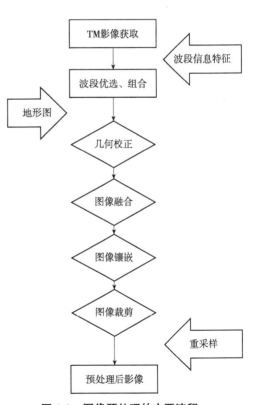

图 8-2　图像预处理的主要流程

波段的选择与组合属于图像增强的相关内容，不同波段合成显示可以增强不同地物的表现形式，有利于更好的分离和提取地物。Landsat TM 不同波段合成对地物的增强效果见表 8-1（邓书斌等，2014）。

表 8-1　Landsat TM 影像波段组合特点说明

RGB 组合	类型	特　　点
3、2、1	真彩色	图像平淡、色调灰暗、信息相对较少
4、3、2	标准假彩色	图像丰富、色彩鲜明，植被为红色，可用于植被分类
7、4、3	模拟真彩色	居民点和水体识别
7、5、4	非标准假彩色	颜色偏蓝，适用于地质构造调查
5、4、1	非标准假彩色	多用于植物分类
4、5、3	非标准假彩色	水体边界较为清晰，有利于区分河渠与道路；对海岸和滩涂较为适宜；易区分水浇地与旱地；植被显示度较好，但难以细化其类型
3、4、5	非标准假彩色	水系、居民点及市容街道等

预处理环节的相关知识已在前部章节进行过详细介绍，此处不再赘述。这里就大气校正做补充说明。大气校正是获得地表真实信息不可缺少的环节，对定量遥感十分重要。但在图像分类、特征提取、变化监测等应用中，并非必要。因此，此处未进行大气校正相应处理。

目前，市面上遥感数字图像软件较多，代表性产品包括 ERDAS、PCI、ENVI 等。本章节主要以 ENVI 5.3 软件为例，对图像进行处理。

③监督分类：为精准划分土地覆被类型，以我国土地利用现状分类系统为基础，参考地区现状与实际需求，确定土地覆被类型为：耕地、林地、水域、城乡工矿居民用地和未利用地 5 类。在 ENVI 5.3 软件支持下对经过精校正的图像进行人机交互判读，实现监督分类。

a. 定义训练样本：采用感兴趣区等方式定义训练样本，通过目视解译进行图斑识别，通过计算感兴趣可分离性（compute ROI separability）确定类别间的差异性程度；借助 Jeffries-Matusita 距离和转换分离度（transformed divergence）来衡量训练样本的可分离性。结果表明参数值>1.8，说明样本的可分离性较好，能够正确分区类别（图 8-3）。

图 8-3　定义训练样本并计算样本可分离性

b. 执行监督分类：选用最大似然值（maxmum likelihood classifier）分类器进行分类，结果如图 8-4 所示。

图 8-4　最大似然值初始分类结果

c. 精度验证：在得到初步分类结果基础上，根据 ENVI 5.3 计算得到分类混淆矩阵，结果显示为：

$$总体分类精度（Overall\ Accuracy）=（1\ 142/1\ 170）=97.606\ 8\% \tag{8-2}$$

$$Kappa\ 系数（kappa\ coefficient）=0.966\ 0 \tag{8-3}$$

这里需要说明的是，由于缺乏土地利用现状图等相关资料，也未进行相应的外业调查，在原分类图上直接选择了验证样本，因此得到的分类精度较高。一般来说，要进行精度验证，需要准备能够反映地表真实地物信息的感兴趣区文件。真实地物信息可在高分辨率图像上通过目视解译获取，也可通过野外实际调查获取。同步生成混淆矩阵报表，结果如图 8-5 所示。

```
Class Confusion Matrix

File

     Class    Commission   Omission      Commission    Omission
              (Percent)    (Percent)     (Pixels)      (Pixels)
     耕地      4.21         2.15          4/95          2/93
     林地      5.51         3.23          7/127         4/124
     建设用地   1.49         3.40          6/404         14/412
     未利用地   2.19         1.54          10/457        7/454
     水域      1.15         1.15          1/87          1/87


     Class    Prod. Acc.   User Acc.     Prod. Acc.    User Acc.
              (Percent)    (Percent)     (Pixels)      (Pixels)
     耕地      97.85        95.79         91/93         91/95
     林地      96.77        94.49         120/124       120/127
     建设用地   96.60        98.51         398/412       398/404
     未利用地   98.46        97.81         447/454       447/457
     水域      98.85        98.85         86/87         86/87
```

图 8-5　混淆矩阵

d. 分类后处理：由于计算机分类是严格按照数学算法对图形数据进行计算的，因此分类结果可能并不连续，存在散乱分布的多个孤立类要素图斑影响地类的均质性。为消除噪声、完善出图，对分类后的图像进行进一步的处理。主要包括：聚类处理（clump）、 majority/minority 分析、过滤分析(sieve)等操作。分类后处理的结果也可以转为矢量数据，在 ArcGIS 等软件中做进一步的处理和分析，也可使用遥感数字图像处理软件自带的制图功能，对分类图进行配色、整饰和完善，完成地图制图后进行输出(图8-6)。

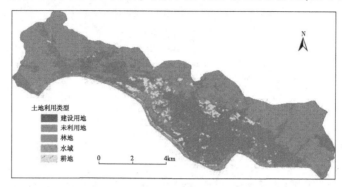

图8-6　某地区土地利用分类图

8.2.2.2　土地利用覆被变化监测

(1)土地利用覆被变化监测概述

由于遥感数据具有覆盖范围广、空间信息丰富、时效性强等优点，使得其自诞生以来就受到广泛的关注和追捧。随着高空间分辨率、高光谱数据的应用及配套技术的不断推广，遥感图像日渐成为监测地球变化、进行土地动态利用的重要信息源。随着技术的革新，包括土地利用覆被变化信息、自然灾害状态、城市扩张水平、海岸线变化情况等在内的各类地球变化信息均可通过对遥感图像的处理提取出来。具体来说，土地利用覆被变化的遥感监测指的就是以遥感图像作为基础信息源，结合各类地面辅助资料，运用遥感图像处理分析方法和手段，对观测区土地利用基本状况及其动态变化情况进行全面系统的记录、分析和处理的一种科学方法，也就是从不同时间或在不同条件下，获取同一地区的遥感图像，对地区地表变化类型、变化数量、空间分布情况等进行识别、量化的一种监测过程。进行土地覆被变化的动态监测，一方面可以快速了解区域变化的基本状态，方便及时、准确掌握地区土地利用状态；另一方面有助于土地覆被信息的实时更新，掌握地区土地利用变化在定性(类型)、定量(数量)、定位(位置)等方面的变化方向，可为及时有效调控和配置资源，杜绝违法占地行为等提供科学依据和法理支撑。

土地利用覆被变化监测具体可以分为两个命题加以描述，即土地利用覆被变化以及覆被变化监测，二者相辅相成。土地利用变化是遥感监测的因与源，遥感监测是土地利用变化的果与汇。从研究成果与应用状态来看，学界更多的围绕覆被变化，对其原因、机理、作用关系进行分析，而一般作业部门更多以监测结果为准，开展业务、管理实务。

①土地利用覆被变化：很早之前人们就意识到，土地利用方式的改变影响着全球气候变化、碳循环以及陆地生态系统地球物理化学的能量循环与平衡，不当的利用行为可能造成如土壤污染、生物多样性减小、生态环境破坏等诸多问题(Foley，2005；唐华俊，2009)。随着社会经济的发展和文明水平的提高，人们也意识到土地利用覆被变化事关人类经济收益和社会财富，对粮食安全、社会问题及可持续发展具有重要作用。早在1993

年，IGBP（全球地圈和生物圈）和 HDP（全球环境变化人文计划）组织就发起了"土地利用
与全球土地覆被变化"（Land use & Land Cover Change，LUCC）研究，并提出 3 项研究重点：
一是土地利用变化机制，建立 LUCC 变化经验模型；二是土地覆被变化机制，建立土地覆
被时空变化和未来一段时期变化的经验诊断模型；三是区域和全球模型。在此背景下，
LUCC 成为变化研究学的兴趣中心，成为当今全球变化研究的前沿和热点（沈润平，
2002）。经过 20 多年循序渐进的积累、铺垫和革新，取得了丰硕的成果。郑荣宝等（2017）
对 1998—2016 年全球土地利用/覆被变化的 8 208 篇论文进行数据挖掘发现，当前 LUCC
研究日渐成熟，文献逐年稳定增长。同时，LUCC 研究的学科交叉性日渐增强，研究热点
和广泛性亦有较大范围的扩展。借由关键词内涵和属性对 LUCC 研究领域知识结构的剖析
发现，LUCC 研究领域可分为数据与工具、模型方法、研究区域、驱动力、效应与机制和
研究与应用 7 大模块。总体来看，综合性研究是 LUCC 的发展趋势，效益研究将是 LUCC
未来研究的重点。范树平等（2017）对中国土地利用/覆被研究进行总结和归纳，从数据资
料、驱动机制、演变机制、效应分析 4 个层面进行综述后认为，LUCC 作为变化研究的热
点与前沿，未来研究发展趋势主要集中在统一规范体系下的多维综合研究上，而强化数据
处理、数据建库、模型规范化构建与推广应用、注重人地关系协调与效应研究是未来重点
的研究领域。

　　②土地遥感监测：早在 20 世纪 50 年代开始，西方主要发达国家在开展水土资源调查
的同时，就开始着手建立土地利用监测体系。加拿大在对人类活动稀少的育空区及西北地
区使用遥感技术开展土地资源调查后，颁布了《土地利用动态监测纲要》。法国采用以地理
分层为基础的调查法，监测地类 100 多种，以卫星资料为辅助资料，配合航空遥感和地面
调查作样点布设。总体来看，土地利用动态监测在各方推动和实践过程中取得了巨大进
步，特别是对地观测体系建立、理论与方法革新等方面进步显著。各尺度的土地利用遥感
监测研究、实务试点等也在各地相继展开，为推动监测技术的成熟和发展提供了基础。

　　由于我国地域辽阔、地形复杂，人均耕地面积十分稀缺，因此我国土地利用遥感监测以
耕地变化和建设用地扩张为工作重点。监测研究以两个方面为主：一是以遥感图像分类和变
化监测方法的理论探讨为主；二是开展监测的应用研究，通过试点和实践，完善和推广监测
技术。总体来说，我国遥感技术起步较晚，20 世纪 70 年代才逐步开始采用航空和卫星遥感
进行土地利用与调查，但到 80 年代遥感技术在动态监测中已日趋广泛和成熟。1984 年，我
国开始组织了全国范围的、以县为基本单元的土地利用现状调查，通过卫星遥感、航空遥感
及地面调查相结合的办法，最终完成 1∶1 万与 1∶5 万比例的成果图件，成为有史以来第一
次开展的全国统一标准的土地详查，改变了中国土地利用类型面积不清的状况。90 年代
后，土地利用遥感动态监测以对建设用地和耕地的变化情况直接、客观、及时的定期监测
为重点。1996—1997 年，国家土地局运用 TM 和 SPOT 数据分别对全国 19 个城市和 100 个
城市的建设用地和耕地变化情况进行了动态监测（黄福奎，1998）；1999—2000 年，对全
国 66 个城市的建设用地和耕地变化进行监测。在全国第二次土地调查中，多数区域采用
SPOT 5 影像，部分复杂地区使用美国 QuickBird 影像，数据精度等都有大幅提高。

　　作为国土资源大调查的重要组成部分，土地利用遥感监测系统日趋规范和完善，已经

形成了重点突出、技术完备的长效机制，在强化土地资源有效管理，确保耕地红线和耕地占补平衡等多重方面发挥了重要作用。但是土地利用遥感监测的技术和分类系统还有待进一步完善，土地利用信息提取技术尚有改进余地，同时如何更好地实现"3S"技术的有效融合，并建立更加持久完善的土地利用遥感动态监测信息系统，以提高监控效率和精度，则是未来一段时间需要考虑和研究的重点(高奇，2013)。

(2) 土地利用覆被变化监测流程

地表变化信息一般分为转化(conversion)和改变(modification)两种。前者是指土地从一种土地覆被类型向另外一种类型转化，如林地变为草地、草地转变为耕地，这种过程也称"绝对变化"；后者是指某类土地覆被类型其在结构和功能等内部条件的变化，如森林由密集变的稀疏，或者由一种树种组成变为另外一种组成，亦或植物群落生产力的变化等，这一过程也称"相对变化"(邓书斌等，2014)。

一般而言，土地利用覆被变化监测可以通过比较两个不同时相的遥感图像进行检测。这种监测包含两种方法：第一，对前后两景影像分别进行土地覆被分类，获取其分类结果后再进行叠加对比；第二，对前后两景影像采用直接监测变化区域的方法进行比较。当受条件限制无法获取两个不同时期遥感图像时，可把地图等已有资料与最新遥感图像加以比较，借此求出变化区域。另外，土地覆被变化还具有季节性和年度性，在进行监测的过程中要加以留意(日本遥感研究会，2011)。相对于 SAR 数据、LiDAR 数据，光学遥感数据在土地利用遥感监测的应用最为广泛，也最成熟。应用光学遥感图像进行土地利用动态监测的一般技术流程如图 8-7 所示 。

①准备工作：确定监测对象、范围和内容，制定标准和规范，收集准备前期所需的相关资料。

②数据转换：对所收集资料进行规范化处理和转换，导入数据库备用。

③数据预处理：为减少数据误差、改善数据质量、提高信息提取精度，需要对所获取的多元遥感数据进行预处理操作。包括：图像的几何校正、图像融合、图像镶嵌、图像裁剪、图像增强等工作。在进行下一步操作前，还应当考虑以下要素对不同时相图像产生的差异信息(邓书斌等，2014)。

a. 传感器类型差异：应尽量选择相同传感器图像，甚至同等波段，减少数据误差。

b. 采集时间的差异：数据采集的时段不同，可能包含不同的太阳高度角和方位角，而不同季节地表植被的繁茂程度将有所差异，表现出不同的覆被状态，可能引起误分或错分。

c. 大气条件差异：天气情况不同，大气成分和湿度存在差异，可能导致相同物质在不同大气条件下具有不同的像元值。

d. 分辨率的差异：不同像元大小可能导致变化监测结果发生错误。

e. 配准精度差异：配准精度对监测结果具有重要影响，精确配准是结果合理的有效保证。

④变化信息检测与提取：变化信息检测与提取是土地利用遥感监测的关键，具体可分为变化信息检测和变化信息提取两个部分。

a. 变化信息检测：变化信息检测按照处理过程可分为三种类型，包括：直接比较法、分类后比较法以及直接分类法。其中，直接比较法最为常用，它主要是对经过配准的两个时相

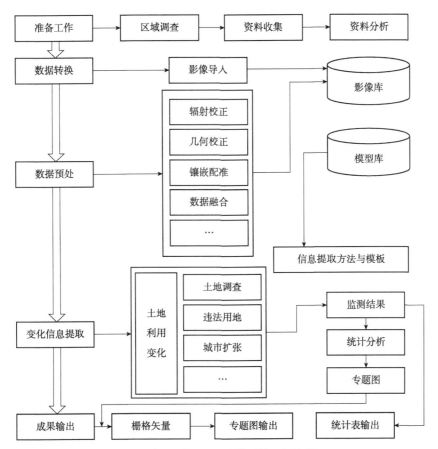

图 8-7　土地利用遥感监测的一般流程

(江国兵，2015)

的遥感图像中像元值直接进行运算或处理，找到变化区域。常用的直接比较法包括：图像差值/比值法、波谱曲线比较法、波谱特征变异法、假彩色合成及波段替换等。分类后比较法是将经过配准的两个时相遥感图像，分别进行分类，在此基础上对分类结果进行比较，得到变化监测信息。其核心主要是对不同时相的土地利用数据进行对比分析，获取得到土地利用变化信息，通过该方便也可以便利的获得土地利用转移矩阵。但由于不同时期分类误差存在积累性，因此可能导致土地利用遥感监测的精度受到影响。直接分类法则结合了前两种方法的思想，常见方法包括：多时相主成分分析后分类法、多时相组合后分类法等。

b. 变化信息提取：变化信息提取即在变化检测基础上，有效提取出发生变化位置的相关信息，包括其位置、大小、界址等相关内容。图像分类中的相关方法，如监督、非监督、决策树分类，以及手动数字化等都可在信息提取中使用。

⑤成果输出：将提取的变化信息，根据监测主题和工作规程，合理制作成文档、专题图、统计表等相关文件进行存档和输出。

（3）土地利用覆被变化遥感监测实例

土地利用转移矩阵可以直观表示不同时段内，同一地区土地利用类型的相互转换关系，描述前后两幅分类图之间地类发生转变的位置和类别。其原理易于理解，加之操作较为简便，结果通过二维表展示，能够快捷查看各地类相互转化的具体情况，了解土地变化数量和流转方向和，因此在土地利用遥感监测中应用十分广泛。转移矩阵属于分类后比较的一种工具，前提是获得同一地区不同时段的两幅或多幅土地利用分类图。

本实例借鉴《ENVI遥感图像处理方法》(第2版)中的经典案例进行说明，示例数据为墨西哥湾卡特里娜飓风前后两景土地利用覆被分类结果图像。

卡特里娜于2005年8月中在巴哈马群岛附近生成，于当月28日经过墨西哥湾时增强为5级飓风。该飓风威力巨大，将用来分隔庞恰特雷恩湖和路易斯安那州新奥尔良市的防洪堤破坏，导致新奥尔良市80%的地方遭洪水淹没。卡特里娜飓风整体造成约2 000亿美元的经济损失，是美国破坏最大的飓风。采用遥感技术，对地区土地覆被状态进行动态监测，一方面有助于了解和掌握土地淹没区的基本状态；另一方面，对估算损失、转移人员、制定合理的恢复应急措施等的快速响应，提供帮助和资料支撑(图8-8)。

①数据准备与数据处理：处理方法已在之前进行过介绍，此处不再赘述。

②变化信息提取：采用分类后比较工具，计算得到土地覆被变化的统计表。结果如图8-9所示。

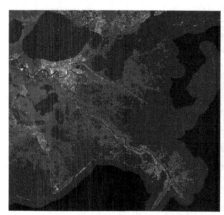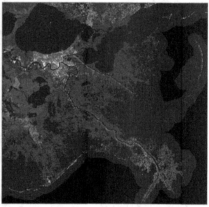

图8-8　飓风发生前后的土地利用分类图像

图8-9　土地覆被变化转移矩阵

176

③结果分析与对比：结果以 3 类形式展示，即像元数（pixel count）、百分比（percentage）和面积（area）。根据分类结果形成交叉二维表格，描述该种地类的流转方向及增减状态。以"低密度建筑区"为例，其在监测前后转为灌木的面积为 900m²，而因飓风影响，变为疏松海岸和水体的面积分别达到了 13 500m² 和 113 400m²，可见其受灾情况十分严重。从面积变化选项卡的总体状态来看，低密度建筑区的面积总计（class total）为 514 831 500m²，改变初始类别状态的面积总计（class changes）2 980 800m²，监测前后的两幅图像的面积总数差值（image difference）为 5 720 400m²，其值为正，说明相对于中密度和正在建设区域而言，低密度建筑区虽然受灾严重，但其总体上在监测前后是增加的。

值得注意的是，遥感的动态监测技术应用范围十分广泛，不仅在土地覆被变化中得到应用，在城市扩张、自然灾害监控、病虫害防治等诸多领域也都发挥着巨大作用。当然，传统上从定性以及定量角度实现监测的方法和手段也不容小觑，在实际生产、生活和科研活动中也都有大范围使用，特别对土地覆被变化而言，相关的模型和算法也较多。这些方法和遥感技术相互结合，对进一步挖掘变化机理、发现变化规律都有很好的帮助。

土地利用变化速度方面：动态度用来定量描述研究区土地利用变化速度，对比较变化区域差异和预测变化区域有积极影响。包括单一类型变化动态度和综合变化动态度两种。

前者主要表达某一区域一定时段内某种地类数量变化情况，表达式为：

$$K = \frac{U_b - U_a}{U_a} \cdot \frac{1}{T} \cdot 100\% \tag{8-4}$$

后者主要用来描述区域全部土地利用类型总的变化速度，表达式为：

$$LC = \left[\frac{\sum_{i=1}^{n} \Delta LU_{i-j}}{2\sum_{i=1}^{n} LU_i} \right] \cdot \frac{1}{T} \cdot 100\% \tag{8-5}$$

土地利用变化程度方面：不同利用方式和类型对土地利用产生的作用强度是不同的。将土地利用程度按照土地这一自然综合体在社会因素影响下产生的平衡状态分为不同等级，并分级赋分，得到土地利用程度的定量化表达，以庄大方、刘纪元提出的量化方法使用最为广泛，表达式为：

$$I = \left\{ \sum A_i \left(\frac{S_i}{S} \right) \right\} / n \cdot 100\% \tag{8-6}$$

土地利用变化区差异：土地利用变化存在显著地区差异，利用各区域某地类相对变化率及各区土地利用动态度来反映变化的区域差异，表达式为：

$$R = \frac{K_b}{K_a} / \frac{C_b}{C_a} \tag{8-7}$$

当相对变化率 $R>1$ 时，表示该区域某种地类变化较全区域较大。

土地利用动态过程模拟与预测：对土地利用进行动态模拟与预测，是在了解土地利用变化情况基础上，对未来土地利用变化趋势进行了解和掌控，为优化土地资源、实现资源合理利用提供依据和帮助。该过程离不开遥感动态监测技术，主要是在各期土地利用类型转移矩阵基础上，采用相关算法进行模拟。典型方法有：马尔科夫预测、系统动力学、线性和多目标规划、灰色预测模型等。以马尔柯夫转移矩阵为例，其不仅可以定量说明土地利用类型之间的相互转化状况，同时还能为解决区域土地利用的时空演变过程提供数量级别的支持和帮助。

实例与公式中具体指标的含义可详见相关文献（陆华丽，2008；谢叶伟，2010）。

8.2.3　土地评价

土地评价是土地科学的重要组成部分。一般的，土地资源调查、土地覆被分类是对土地资源资源及性状直观的描述和认识，主要解决土地的类型、数量、状态、分布等问题，而土地评价则是对土地质量等的综合鉴定，能够解释不同类型土地针对特定利用方式的综合效应。

8.2.3.1　土地评价概述

土地评价（land evaluation）也称土地资源评价，主要指为特定目的，在一定用途条件下，对土地质量高低或生产力大小进行评定的过程，也包含对土地各种自然构成要素及与土地利用有关的社会经济状态的综合评定（刘黎明，2010）。简而言之，土地评价即根据特定目标对土地性能进行综合评定的过程。

土地评价作为清查土地性状的必要手段，对了解土地资源的生产力水平、潜力状态、资源适宜性、生态可持续等都有重要的参考借鉴作用，其成果可广泛服务于土地利用规划、土地税收、土地利用效益分析等工作环节，是土地管理的基础性工作，也是科学管理土地资源的重要依据。一项完整的土地评价，必须具有特定目的，针对一定时期特定的土地用途、土地自然和社会经济属性进行全面综合的鉴定，最终形成结果报告，在说明土地状态的同时，对改良方案提出指导性建议。

开展土地评价工作主要依据土地资源生产力、土地资源适宜性和土地资源限制性展开。其中，土地资源生产力即为土地的生物生产力，反映土地资源的基本特征，包括现实生产力和潜在生产力两部分，是进行土地资源评价的主要依据。土地资源适宜性则是指土地在一定条件下对发展某项生产或作为某种用途所提供的生态环境适宜程度。一般来讲，土地质量越好，其适宜性就越强。而土地资源限制性主要是那些限制土地在生产过程中发挥潜力的障碍因素。进行评价时，抓住主要限制因素，对了解土地性状与短板、挖掘土地潜力等具有积极作用。

土地评价工作的内容也十分丰富。根据评价对象、目的、方法、范围、因素等的不同，可以将土地评价划分为多种类型。根据参评因素性质，分为土地适宜性评价、土地生产潜力评价和土地经济评价；根据评价目标及广度的不同，可分为以某一具体目标任务为要求的土地单项评价和以综合目标为要求的综合评价；根据评价精度要求，可分为以定性术语予以描述并进行判断和推理的定性评价和以定量数据为依据、以数学模型进行核算的定量评价；根据评价对象不同，可以分为不同种类的土地评价，如农用地评价、土地生态安全评价、土地利用系统健康评价等。除此以外，还可以根据其他衡量标准，对土地评价做进一步细分。

土地评价是实现土地这一稀缺资源得以更好优化配置、开发利用和合理保护的一项重要技术性工作，为土地税收、土地交易、土地利用规划，以及科学有效开展土地科学管理发挥着保驾护航的积极作用。

8.2.3.2　土地评价的一般技术流程

土地评价内容丰富，不同的评价对象、类型、方法等会导致评价程序和内容上具有一定差异，但就总体而言，一般的土地评价工作包括 3 个评价步骤，即评价准备阶段、评价实施阶段和成果汇总阶段(刘黎明等，2010)。

(1)评价准备阶段

准备阶段是评价的开始，包括评价立项与初步商讨、确定评价目标、搜集基础数据以及制定工作计划等相关内容。其中，搜集基础数据和资料是后期进行定量评价的基础，包括研究区基本状态资料，即待评价样区的自然、社会、经济等在内的相关文档、数据、图件等资料；用于评价的各种属性和图形数据。另外，制订合理的工作计划是土地评价工作顺利完成的保证，完整的工作计划应当包括：确定待评价土地界址与范围，选择可以考虑的土地利用种类，选择土地评价类型，确定调查精度与比例，划分合理的工作阶段等内容。

(2)评价实施阶段

评价实施阶段是土地评价的主要组成部分，其工作内容丰富，包括以下 6 个方面：①选定土地类型，此环节是评价的基本组成。②确定土地用途要求。③划分土地评价单元，该内容是土地评价工作的基础，评价单元是土地评价对象的最小单位。在同一评价单元中，土地具有均质性，不同评价单元间具有明显的差异性和对比性。划分土地评价单元的常见方法包括：以土壤分类系统为基础划分、以土地类型分类系统为基础划分、以土地利用现状为基础划分。④对土地性状进行描述。⑤评价因子选择。因子是实现评价结果定量化显示的途径。在评价过程中，一般并不能对影响土地属性的所有因素进行分析，通常都是选择其中具有代表性、起主导作用的因素进行分析，以突出土地的主要属性，简化评价流程。⑥评价结果计算。

(3)成果汇总阶段

条理清楚、观点明确、论据充分的成果汇总是评价结果能够被合理有效利用的保证，也是土地评价的最终目的。汇总成果一般包括：土地评价报告书和土地评价成果图。

8.2.3.3　土地评价技术的新变化

随着"3S"技术的融合和推广，可获取数据类型日渐丰富，土地评价工作相对传统处理模式，开始出现新的变化。遥感数据除了作为调查取样、验证汇总的基础源数据外，在土地利用分类、数据统计分析、以栅格为精度单元定量显示土地评价结果与状态等方面发挥出重要作用，对提升评价结果精度、实现数据的快速传递、推动土地评价研究与管理实务相结合都有积极影响。与传统的评价技术相比，遥感技术带来的新变革与新冲击主要体现在以下几个方面。

（1）评价单元与研究尺度的变化

一般而言，传统的土地评价结果主要通过评价单元加以反映。作为评价对象的最小单位，评价单元主要依据评价对象变异度、评价目标精确度、土地调查精准度等进行划分。在具体实务中，不同研究对象、时间以及不同评价内容在导致评价结果存在一般性的同时，还保留了一定的特殊性，在评价单元划分中产生分异，最终对评价结果产生影响。

遥感解决了数据源问题，提供的数据可选择性强，既包含大尺度低空间分辨率数据，也可以选用高空间分辨率甚至高光谱分辨率的相关数据。根据评价尺度和要求的不同，可以对结果进行重采样处理，同时其与GIS的相互结合，可以将数据按照栅格、矢量、地理数据库等多种格式加以保存和传递，成果应用的深度和广度得到大幅度提升。

从研究尺度上来看，传统评价通常以乡级、县级、省和地区级以及国家级进行评价结果的汇总出图；而随着土地评价研究工作的精细化，尺度不一的评价对象在日趋丰富的评价内容中频繁出现，城市建成区、典型流域、不规则土地生态脆弱区等都可以被划定和评价。

（2）评价因素选择和指标确定

土地评价一般是借由土地评价因素（因子）实现的，评价因素是土地诸多属性中，那些能对土地产生重要影响且在评价区内变异程度较大的因素对象。通过对典型因素的选取与分析，最终得到土地质量、状态的综合水平。一般情况下，因素在选择过程中，都要遵循主导性、差异性、稳定性及现实性原则。另外，由于我国土地幅员辽阔、类型多样、地区差异性大，因此在指标选取中，通常还要有较强的针对性，一般多聘请各部门、多学科专家及相关人员共同完成。随着认知的进步和"研转用"的推广，一些因素选择的理论和模型架构也被相继提出，比较典型的包括：①EES指标系统，即"经济、生态、社会指标系统"；②PSR模型，即"压力—状态—响应模型"；③DPSIR模型，即"驱动力—压力—状态—影响—响应模型"等。

以PSR模型为例，该模型是20世纪80年代末，由经济合作和开发组织（OECD）与联合国环境规划署（UNEP）共同提出的，全称为：压力—状态—响应模型。其中：状态指标用以衡量由于人类行为而导致的生态系统的变化；压力指标则表明生态环境恶化的原因；响应指标则显示社会为减轻环境污染资源、破坏所做的努力。模型具有较强的系统性。这类模型等的提出，能够较好的对因素进行区分和辨识，有利于典型因素的选取，更加合理、科学的实现土地资源定量评价，因此在土地生态安全（焦红，2016）、可持续性（谢花林，2015）等评价上应用十分广泛。

当然，采用遥感技术进行评价，也需要典型的评价因素加以支撑，如气候、地质地貌、土壤、植被以及各类社会经济因素等。需要注意的是，这些因素主要以图层的形式进入评价工作。在使用的过程中，可能要根据获取的电子底图，在完成数据预处理的基础上，采用相关算法对数据做进一步处理和挖掘，从而得到最终的评价结果。以温度为例，温度对生物发育和生长具有重要作用，同时是城市"热岛"效应最直观的体现。根据获取得到的遥感图像，在进行投影变换、辐射定标、大气校正等数据预处理基础上，采用单窗算法或劈窗算法等相关算法，反演出像元级别的地表温度，将其作为一类影响因素，为后期进行土地评价服务。

(3) 评价方法的新变化

传统的土地评价技术方法主要包含两大类,即归类法和数值法(王秋兵,2003)。

①归类法(categoric system):一般适用于土地因素较复杂、利用类型多样性高的地区。这类方法以定性评价为主,具有概况程度高的特点,但其对各项限制因素的分级指标缺乏精密界限,对土地各因素等缺乏数量级别研究,容易导致人为主观性对结果产生影响。美国农业部制定的《土地潜力分类》和联合国粮食及农业组织制定的《土地评价纲要》是该方法较为典型的代表性应用。

②数值法(numerical system):包括指数法、评分法和模型分析法 3 种类型。从目前取得的科研成果与实践应用来看,模型分析方法的使用最为广泛。常见的计量模型有:多因素综合评价法、主成分分析法、多元回归分析法、灰色关联度分析、模糊综合评价法、层次分析法等。除此以外,集对分析、突变级数、TOPSIS、物元模型(徐美,2012;余健,2012;张锐,2014;苏正国,2018)等算法也有广泛的应用。近年来,随着人工智能的发展,神经网络、模拟退火等智能算法(李明月,2011;李红霞,2011)在土地评价中也得到推广和应用,丰富了评价方法,提高评价结果的精度,成为土地评价得以定量化表达的新的生长点。

近年来,"3S"技术的融合性越来越高,日渐成长为一个统一的"共同体"。特别是 RS 和 GIS,二者优势互补明显,联动性较强。一方面,RS 提供了土地评价对象的基本数据,同时为遥感分类、专题信息提取、指标参数反演等提供技术与平台;另一方面,在此基础上,GIS 提供了强大的空间分析技术,如空间自相关、空间插值等,为实现数据挖掘、数据统计、数据分析,完成土地评价定量化表达提供服务。RS 和 GIS 在土地评价中的应用,突破了传统方法在数据获取方面,特别是年鉴资料等方面因数据保密、关键数据缺失等方面的限制;克服了部分传统模型在数据统计方面的苛刻要求;扩展了评价结果在空间层面的分析和展示的局限;从像元层面更细致的挖掘和反演出地形地貌、植被、气温等地类要素对评价对象的影响程度,使得评价结果更贴近实际情况,从而反映评价对象更多的实际问题。

8.2.3.4　土地评价的处理流程

使用遥感技术对土地进行评价,与传统评价工作相比有共性也有个性。二者的相同之处在于操作流程基本一致,均需要在确定评价目标基础上,通过指标体系的构建,对数据进行处理和分析,最终确定评价结果和状态,必要时给出评价处理方案和意见(图 8-10)。不论评价手段如何,其最终目的均在于为土地管理提

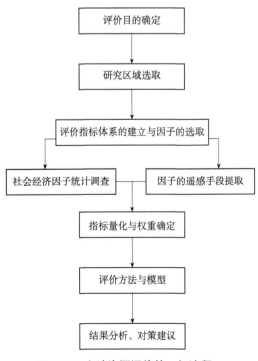

图 8-10　土地资源评价的一般流程

供科学有效的数据支撑，为土地资源布局和利用提供合理具体的操作方案。二者的不同之处在于：第一，评价中数据获取方式及数据处理方式存在差异：传统评价以处理年鉴获取得到的时间、截面、面板型数值数据为主，而遥感处理过程中，评价因子多以遥感手段获取为主，通过图像数据的判读、提取、反演等手段获得。第二，指标体系和评价因子的选取存在一定的差异性：传统评价多选取社会、经济和环境的统计型数据为主；而遥感处理过程中，因子的选择多从资源角度出发，更加微观和详细，以地形因素为例，一般可获取坡度、坡向、海拔等影响水热条件的微观因子。第三，评价模型的选取和使用并不统一：传统评价的模型算法使用较为丰富，从单一的多因素综合评价到复杂的人工智能算法都有应用，而遥感处理中，多见以加权求和和基于 GIS 的图形叠加分析。

8.3 土地遥感的发展

随着科学技术的进步，波谱信息成像化、雷达成像多极化、光学探测多向化、地学分析智能化、环境研究动态化以及资源研究定量化，大大提高了遥感技术的实时性和运行性，使其向多尺度、多频率、全天候、高精度和高效快速的目标发展。土地遥感的发展呈现以下趋势。

（1）遥感图像获取技术越来越先进

随着高性能新型传感器研制开发水平以及环境资源遥感对高精度遥感数据要求的提高，高空间和高光谱分辨率已是卫星遥感图像获取技术的总发展趋势。雷达遥感具有全天候、全天时获取影像及穿透地物的能力，在对地观测领域有很大优势。开发和完善陆地表面温度和发射率的分离技术，定量估算和监测陆地表面的能量交换和平衡过程，将在全球气候变化的研究中发挥更大的作用。由航天、航空和地面观测台站网络等组成以地球为研究对象的综合对地观测数据获取系统，具有提供定位、定性和定量以及全天候、全时域和全空间的数据能力。

（2）遥感信息处理方法和模型越来越科学

多平台、多层面、多传感器、多时相、多光谱、多角度以及多空间分辨率的融合与复合应用，是目前遥感技术的重要发展方向。不确定性遥感信息模型和人工智能决策支持系统的开发应用也在飞速发展。卫星遥感技术的迅速进步，把人类带入了立体化、多层次、多角度、全方位和全天候地对地观测的新时代。遥感卫星经过几十年的发展和应用，尤其是近几年的突飞猛进，已经为其未来朝着商业化方向迈进奠定了坚强稳固基础。总之，随着科学的进步，遥感技术会越来越先进，其所发挥的作用也会越来越大。

（3）"3S"一体化

计算机和空间技术的发展、信息共享的需要以及地球空间与生态环境数据的空间分布式和动态时序等特点，将进一步推动"3S"一体化融合。全球定位系统为遥感对地观测信息提供实时或准实时的定位信息和地面高程模型；遥感为地理信息系统提供自然环境信息，为地理现象的空间分析提供定位、定性和定量的空间动态数据；地理信息系统为遥感影像处理提供辅助，用于图像处理时的几何配准和辐射校正、选择训练区以及辅助关心区域等。在环境模拟分析中，遥感与地理信息系统的结合可实现环境分析结果的可视化。"3S"一体化将最终建成新型的地面三维信息和地理编码图像的实时或准实时获取与处理系统。

（4）建立高速、高精度和大容量的遥感数据处理系统

随着"3S"一体化，资源与环境的遥感数据量和计算机处理量也将大幅度增加，遥感数据处理系统将向更高的处理速度和精度发展。神经网络具有全并行处理、自适应学习和联想功能等特点，在解决计算机视觉和模式识别等特大复杂的数据信息方面有明显优势。认真总结专家知识，建立知识库，寻求研究定量精确化算法，发展快速有效的遥感数据压缩算法，建立高速、高精度和大容量的遥感数据处理系统。

推荐阅读

2010—2015 年中国土地利用变化的时空格局与新特征。

扫码阅读

思考题

1. 遥感技术在土地资源利用中有哪些具体的应用？

2. 简述遥感图像自动分类技术的优缺点。

3. 简述土地利用与土地覆被的关系。

4. 开展土地生态安全的遥感评价时，指标体系应包含哪些内容？需要准备哪些基础数据资料？

5. 简述我国土地覆被分类的研究历程。

参考文献

蔡红艳，张树文，张宇博，2010. 全球环境变化视角下的土地覆盖分类系统研究综述[J]. 遥感技术与应用，25(1)：161-167.

常建娥，蒋太立，2007. 层次分析法确定权重的研究[J]. 武汉理工大学学报(信息与管理工程版)，29(1)：153-156.

陈宜瑜，2004. 对开展全球变化区域适应研究的几点看法[J]. 地球科学进展，19(4)：495-499.

杜培军，2013. 城市环境遥感方法与实践[M]. 北京：科学出版社.

邓书斌，2014. ENVI 遥感图像处理方法[M]. 2 版. 北京：高等教育出版社.

范树平，程从坤，刘友兆，等，2017. 中国土地利用/土地覆盖研究综述与展望[J]. 地域研究与开发，36(2)：94-101.

冯筠，高峰，曲建升，2004. NASA 地球科学事业(ESE)计划中的科学问题[J]. 地球科学进展，19(6)：910-917.

冯筠，高峰，黄新宇，2003. 从空间对地观测到预测地球未来的变化(一)——NASA 地球科学事业(ESE)战略计划述评[J]. 遥感技术与应用，18(6)：407-421.

冯筠，高峰，黄新宇，2004. 从空间对地观测到预测地球未来的变化(二)——空间对地观地球科学事业(ESE)技术战略分析[J]. 遥感技术与应用，19(2)：124-132.

郭琳，裴志远，吴全，等，2010. 面向对象的土地利用/覆盖遥感分类方法与流程应用[J]. 农业工程学报，26(7)：194-198.

宫攀，陈仲新，唐华俊，2006. 土地覆盖分类系统研究进展[J]. 中国农业资源与区划，27(2)：35-40.

高奇，师学义，张琛，等，2013. 中国土地利用遥感动态监测研究进展与展望[J]. 广东土地科学，12(5)：18-23.

葛全胜，陈泮勤，方修琦，等，2004. 全球变化的区域适应研究：挑战与研究对策[J]. 地球科学进展，19(4)：516-524.

黄福奎，1998. 论遥感技术在土地利用动态监测中的应用[J]. 中国土地科学，12(3)：21-25.

焦红，汪洋，2016. 基于PSR模型的佳木斯市土地生态安全综合评价[J]. 中国农业资源与区划，37(11)：29-36.

梁长秀，2009. 基于RS和GIS的北京市土地利用/覆被变化研究[D]. 北京：北京林业大学.

李德仁，2001. 对地观测与地理信息系统[J]. 地球科学进展，16(5)：689-703.

李德仁，眭海刚，单杰，2012. 论地理国情监测的技术支撑[J]. 武汉大学学报(信息科学版)，37(5)：505-512.

刘舫，2008. 对地观测技术在土地管理中的应用及展望[J]. 科技创新导报，(5)：192-194.

李海峰，郭科，2010. 对地观测技术的发展历史、现状及应用[J]. 测绘科学，35(6)：262-264.

陆华丽，2008. RS和GIS支持下辛集市土地利用/土地覆盖变化监测研究[D]. 保定：河北农业大学.

李红霞，李霖，赵忠君，2011. 基于模拟退火算法的投影寻踪模型在土地生态安全评价中的应用研究[J]. 国土与自然资源研究，33(1)：62-64.

李明月，赖笑娟，2011. 基于BP神经网络方法的城市土地生态安全评价——以广州市为例[J]. 经济地理，31(2)：289-293.

刘纪远，宁佳，匡文慧，等. 2018 . 2010—2015年中国土地利用变化的时空格局与新特征[J]. 地理学报，73(05)：789-802.

刘黎明，2010. 土地资源学[M]. 5版. 北京：中国农业大学出版社.

刘旭，蔡四辈，2013. 3S技术在第二次全国土地调查中的应用[J]. 测绘与空间地理信息，36(2)：111-114.

林宗坚，李德仁，胥燕婴，2011. 对地观测技术最新进展评述[J]. 测绘科学，36(4)：5-8.

梅安新，2001. 遥感导论[M]. 北京：高等教育出版社.

马建文，田国良，王长耀，等，2004. 遥感变化检测技术发展综述[J]. 地球科学进展，19(2)：192-196.

宁波，龚文峰，范文义，2009. 基于RS和GIS帽儿山土地利用适宜性评价[J]. 东北林业大学学报，37(2)：56-58.

牛强，2012. 城市规划GIS技术应用指南[M]. 北京：中国建筑工业出版社.

权维俊，韩秀珍，陈洪滨，2012. 基于AVHRR和VIRR数据的改进型Becker"分裂窗"地表温度反演算法[J]. 气象学报，70(6)：1356-1366.

日本遥感研究会，2011. 遥感精解[M]. 2版. 刘勇卫，等译. 北京：测绘出版社.

孙枢，2005. 对我国全球变化与地球系统科学研究的若干思考[J]. 地球科学进展，20(1)：7-11.

沈润平，2002. 土地利用遥感监测的关键技术及其应用研究——以江西鄱阳湖地区为例[D]. 杭州：

浙江大学.

苏正国, 李冠, 陈莎, 等, 2018. 基于突变级数法的土地生态安全评价及其影响因素研究——以广西地区为例[J]. 水土保持通报, 38(4)：142-149.

唐华俊, 吴文斌, 杨鹏, 等, 2009. 土地利用/土地覆被变化(LUCC)模型研究进展[J]. 地理学报, 64(4)：456-468.

童庆禧, 2005. 空间对地观测与全球变化的人文因素[J]. 地球科学进展, 20(1)：1-5.

覃志豪, 2001. 用陆地卫星 TM6 数据演算地表温度的单窗算法[J]. 地理学报, 56(4)：456-466.

江国兵, 2015. 遥感在土地利用动态监测中的应用[J]. 城市勘测, 21(4)：107-110.

吴培中, 2000. 世界卫星海洋遥感三十年[J]. 国土资源遥感, 43(1)：2-10.

王秋兵, 2003. 土地资源学[M]. 北京：中国农业出版社.

王毅, 2005. 国际新一代对地观测系统的发展[J]. 地球科学进展, 20(9)：980-989.

谢花林, 刘曲, 姚冠荣, 等, 2015. 基于 PSR 模型的区域土地利用可持续性水平测度——以鄱阳湖生态经济区为例[J]. 资源科学, 37(3)：449-457.

徐建平, 2000. 国内外气象卫星发展[J]. 空间科学学报, (S1)：104-115.

徐美, 朱翔, 李静芝, 2012. 基于 DPSIR-TOPSIS 模型的湖南省土地生态安全评价[J]. 冰川冻土, 34(5)：1265-1272.

谢叶伟, 刘兆刚, 赵军, 等, 2010. 基于 RS 与 GIS 的典型黑土区土地利用变化分析——以海伦市为例[J]. 地理科学, 30(3)：428-434.

余健, 房莉, 仓定帮, 等, 2012. 熵权模糊物元模型在土地生态安全评价中的应用[J]. 农业工程学报, 28(5)：260-266.

原民辉, 刘韬, 2018. 空间对地观测系统与应用最新发展[J]. 国际太空, 472(4)：8-15.

尹占娥, 2008. 现代遥感导论[M]. 北京：科学出版社.

张成刚, 王卫, 2006. 基于 GIS/RS 的冀北地区农用地适宜性评价[J]. 安徽农业科学, 34(16)：3911-3913.

张华, 张勃, 2002. 全球变化研究的战略计划——地球科学事业简介[J]. 遥感技术与应用, 17(6)：376-380.

中华人民共和国自然资源部, 2019. 第三次全国土地调查技术规程：TD/T1055—2019[S]. 北京：中国标准出版社.

张景华, 封志明, 姜鲁光, 2011. 土地利用/土地覆被分类系统研究进展[J]. 资源科学, 33(6)：1195-1203.

张钧屏, 1998. 发展新型的对地观测技术[J]. 国际太空, (8)：25-27.

张磊, 吴炳方, 2011. 关于土地覆被遥感监测的几点思考[J]. 国土资源遥感, 23(1)：15-20.

张磊, 吴炳方, 李晓松, 等, 2014. 基于碳收支的中国土地覆被分类系统[J]. 生态学报, 34(24)：7158-7166.

张锐, 郑华伟, 刘友兆, 2014. 基于压力—状态—响应模型与集对分析的土地利用系统健康评价[J]. 水土保持通报, 34(5)：146-152.

郑荣宝, 卢润开, 唐晓莲, 等, 2017. 1998—2016 年全球 LUCC 研究进展与热点分析[J]. 华侨大学学报(自然科学版), 38(5)：591-601.

张宇, 邓锋, 2010. 遥感在土地资源管理上的应用[J]. 现代商业, 26(4)：208-208.

朱有法, 谢德体, 骆云中, 2007. 遥感技术在我国土地管理中的应用与进展[J]. 国土资源科技管理, 24(1)：105-109.

赵英时, 2013. 遥感应用分析原理与方法[M]. 2版. 北京: 科学出版社.

Di Gregorio A, Jansen L J M. Land cover classification system (LCCS): Classification concepts and user manual[R]. FAO, 2000.

Foley J A, Defries R, Asner G P, et al., 2005. Global consequences of land use[J]. Science, 309 (5734): 570-574.

Hansen M C, Reed B C, 2000. A comparison of the IGBP discover and university of Maryland 1 km global land cover products[J]. International Journal of Remote Sensing, 21(6-7): 1365-1373.

Klemas V V, Dobson J E, Ferguson R L, et al., 1993. A coastal land cover classification system for the NOAA coastwatch change analysis project[J]. Journal of Coastal Research, 9(3): 862-872.

Loveland T R, Reed B C, Brown J F, et al., 2000. Development of a global land cover characteristics database and IGBP discover from 1km AVHRR data[J]. International Journal of Remote Sensing, 21 (6-7): 1303-1330.

Turner B L II, Skole D, Fisher G, et al., 1995. Land use and land cover change: science/research plan [R]. IGBP Report No. 35 and HDP Report No. 7. Stockholm and Geneva.

Vogelmann J E, Howard S M, Yang L M, et al., 2001. Completion of the 1990s national land cover data set for the conterminous United States from landsat thematic mapper data and ancillary data sources[J]. Photogrammetric Engineering & Remote Sensing, 67(6): 650-662.

第9章
草地遥感

草地遥感主要是指从远距离高空及外层空间的各种平台上，利用可见光、红外、微波等电磁波测控仪器，通过摄影或扫描信息感应、传输和处理，从而研究草地植被的类型、面积、位置、产量及其与环境和气候相互关系与变化的现代技术科学（李建龙等，1998）。

9.1 草地遥感基础

9.1.1 草地植被波谱特征

草地植被波谱特征是草地遥感的基础。草地植被反射波谱特征与生长状况有直接关系，主要受叶色、叶片结构及水分状况、叶片的生理生化性质、植株形态及长势长相等因素的影响，可见光波段反射率主要受叶绿素等各种色素的影响，近红外波段反射率由叶片水分状况、氮含量等起决定作用、不同草地植物（图9-1）、同一草地植被的不同物候期，以及同一草地植被的不同健康状况，其光谱反射特性均不一样（田婷等，2013）。

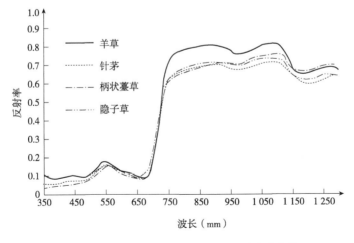

图9-1 锡林郭勒草原典型植被的反射波谱曲线

（张富华等，2014）

9.1.2　草地遥感监测植被指数

在草地遥感中，经常使用的遥感指数是植被指数(vegetation index，*VI*)。植被指数是由不同遥感探测波段数据组合而成，能反映草地植被生长状况，通常基于草地植被在可见光红光波段(red，R)有很强的吸收特性，在近红外波段(near infrared，*NIR*)有很强的反射特性，红光波段和近红外波段的不同组合可以得到不同的植被指数。植被指数按发展阶段可分为以下三类。

第一类植被指数是基于波段的线性组合(差或和)或简单的波段比值，没有考虑大气影响和土壤背景的影响(土壤亮度和土壤颜色)，单纯由经验方法发展，如比值植被指数(ratio vegetation index，*RVI*)等，具有严重的应用限制性(李海亮等，2009)。

第二类植被指数是加入了物理知识，将电磁辐射、大气、植被覆盖和土壤背景的相互作用结合在一起考虑，并通过数学和物理及逻辑经验以及通过模拟将原植被指数不断改进及发展，如垂直植被指数(perpendicular vegetation index，*PVI*)、土壤调节植被指数(soil-adjusted vegetation index，*SAVI*)、全球环境监测指数(global environment monitoring index，*GEMI*)和归一化差值植被指数(normalized difference vegetation index，*NDVI*)等。它们普遍基于反射率值、遥感定标和大气影响形成理论方法，有效弥补了基于经验方法的植被指数的不足(田庆久等，1998)。

第三类植被指数是针对高光谱遥感及热红外遥感而发展起来的，如*CAI*(cellulose absorption index)等(康耀江，2011)。

9.2　草地遥感研究内容

9.2.1　草地资源遥感调查

早在20世纪60年代初期，科学家就开始采用大比例尺航片进行草地调查与分类，例如，利用航片进行目视解译、定向定界、确定调查路线，以及勾绘草地类型图、分类和判读(任继周等，1996)。之后草地资源遥感调查研究取得长足的发展，遥感的应用大大提高了草地资源调查与制图的精度及效能。结合国家"七五"攻关项目"三北"防护林遥感综合调查在新疆、甘肃、宁夏、内蒙古、山西等地开展工作以来，把遥感技术在草地资源调查、分类和制图中的应用推向了一个新的高潮，尤其是在多种信息源的复合与处理、林草计算机解译技术、草地动态研究、计算机资源与环境信息系统的开发、计算机自动分类与成图技术、遥感信息提取与应用等方面有所突破，为我国进一步开展草地遥感科学研究打下坚实基础(任继周等，1996)。

9.2.2　草地植被长势监测与估产

草地遥感不仅能对大空间尺度的各种草地资源进行有效数据收集和提取，而且可以按照物候学特征对固定区域的草地植被生长状况进行动态监测，同时运用模拟建模的方法对草地地上生物量进行有效估算，从而为区域草畜平衡动态分析、草地退化状况评价等提供科学依据(梁天刚，2017)。

与常规方法相比，草地植被长势遥感监测与估产效益高，且长时间序列遥感数据具有真实、实时性和动态性强的特点。目前，草地遥感估产的模型主要有统计模型和物理模型(辛晓平等，2018)。统计模型法是根据地面生物量与遥感图像上对应位置的反射光谱特征(常用植被指数)进行回归拟合计算生物量。虽然在特定研究条件下植被指数与草地生物量之间有显著关系，但是统计关系都是基于特定研究区域建立的，不具有普适性。物理模型由于具有明确的物理意义，不受到植被类型的影响，具有较好的普适性，但物理模型也存在不收敛和耗时长等缺点，限制了物理模型在大尺度草地遥感监测和估产上的应用(辛晓平等，2018)。

9.2.3 草地物候信息遥感提取

草地物候变化反映了草地生态系统对全球气候与水文系统季节和年际变化的响应(Peñuelas et al.，2002)。传统的草地物候监测以野外观测为基础，主要针对个体水平上的单株植被，难以进行区域物候时空分析。草地植被物候遥感监测实现了从个体水平到区域尺度植被物候对气候变化互作过程研究(辛晓平等，2018)。

9.2.4 草地灾害监测与评估

草地是陆地生态系统的主要组成部分，与其他陆地生态系统相似，在进行草地科学研究时，不可避免地会涉及草地生态安全、牧业灾害防治等方面的内容，从长远来看这也属于草地可持续研究范畴，近年来随着遥感技术的发展，这方面的研究有了长足的进展，成为草地科学研究的热点问题(梁天刚，2017)，例如，基于遥感数据的草地生态风险研究、草地病虫鼠害监测、牧区雪灾、火灾、旱灾研究等。

📑 推荐阅读

基于定量遥感的甘肃省草原综合顺序分类。

扫码阅读

📝 思考题

1. 草地遥感针对的研究对象有哪些？有哪些主要用途？
2. 草地遥感中最重视哪类地物的遥感信息提取？为什么？

参考文献

康耀江，2001. 植被指数在草地遥感中的应用初探[J]. 湖南农业科学，(Z1)：39-41.

李海亮，赵军，2009. 草地遥感估产的原理与方法[J]. 草业科学，26(3)：34-38.

李建龙，王建华，1998. 我国草地遥感技术应用研究进展与前景展望[J]. 遥感技术与应用，13(2)：65-68.

梁天刚，2017. 草业信息学[M]. 北京：科学出版社.

任继周，胡自治，陈全功，1996. 草地遥感应用动态与研究进展[J]. 草业科学，13(1)：55-60.

田庆久，闵祥军，1998. 植被指数研究进展[J]. 地球科学进展，13(4)：10-16.

田婷，孙成明，刘涛，等，2013. 高光谱遥感技术及其在草地及植被中的应用[J]. 安徽农业科学，41(7)：3192-3195.

吴静，李纯斌，胡自治，等，2013. 基于定量遥感的甘肃省草原综合顺序分类[J]. 农业工程学报，29(1)：126-133.

辛晓平，徐大伟，何小雷，等，2018. 草地碳循环遥感研究进展[J]. 中国农业信息，30(4)：1-16.

张富华，黄明祥，张晶，等，2014. 利用高光谱识别草地种类的研究——以锡林郭勒草原为例[J]. 测绘通报，(7)：66-69.

Peñuelas J, Filella I, Comas P E, 2002. Changed plant and animal life cycles from 1952 to 2000 in the Mediterranean region[J]. Global Change Biology, 8(6)：531-544.